新时代一流专业、一流课程建设成果教材 丛书主编｜任 �

高等院校艺术与设计类专业"互联网＋"创新规划教材 丛书副主编｜庄子平

服装平面制板

鲍殊易　编著

北京大学出版社

PEKING UNIVERSITY PRESS

内 容 简 介

"服装平面制板"是服装与服饰设计专业的必修课程，该课程的目的是厘清结构设计的逻辑关系，即"立体—平面—立体"的思维过程。基于这个目的，本书重视结构设计基础知识的设定，强调案例设定的科学性及其与基础知识的连贯性，同时以创新意识为引导，提倡对设计思路的拓展和对基础知识的灵活使用。本书主要内容包括服装结构造型基础知识、服装制图专业术语、人体体型特征分析、平面制板的造型工艺、领子、袖子、肩背部结构设计，指导学生在夯实平面制板能力基础的同时，对服装结构设计形成创新认识，并提升审美能力。

本书可以作为高等院校服装与服饰设计专业的教材，也可以作为相关从业者学习服装设计与服装平面制板的工具书。

图书在版编目（CIP）数据

服装平面制板 / 鲍殊易编著. —— 北京：北京大学出版社，2025.1. ——（高等院校艺术与设计类专业"互联网+"创新规划教材）. —— ISBN 978-7-301-35908-2

Ⅰ. TS941.631

中国国家版本馆 CIP 数据核字第 20257MB830 号

书　　　名	服装平面制板	
	FUZHUANG PINGMIAN ZHIBAN	
著作责任者	鲍殊易　编著	
策 划 编 辑	孙　明	
责 任 编 辑	孙　明　王　诗	
数 字 编 辑	金常伟	
标 准 书 号	ISBN 978-7-301-35908-2	
出 版 发 行	北京大学出版社	
地　　　址	北京市海淀区成府路 205 号　100871	
网　　　址	http://www.pup.cn　　新浪微博：@北京大学出版社	
电 子 邮 箱	编辑部 pup6@pup.cn　　总编室 zpup@pup.cn	
电　　　话	邮购部 010-62752015　发行部 010-62750672　编辑部 010-62750667	
印 刷 者	北京宏伟双华印刷有限公司	
经 销 者	新华书店	
	889 毫米×1194 毫米　16 开本　7.75 印张　248 千字	
	2025 年 1 月第 1 版　2025 年 1 月第 1 次印刷	
定　　　价	49.00 元	

序言

　　纺织服装产业是我国国民经济传统支柱产业之一，培养能够担当民族复兴大任的创新应用型人才是纺织服装教育的重要任务。鲁迅美术学院染织服装艺术设计学院现有染织艺术设计、服装与服饰设计、纤维艺术设计、表演（服装表演与时尚设计传播）4 个专业，经过多年的教学改革与探索研究，已形成 4 个专业跨学科交叉融合发展、艺术与工艺技术并重、创新创业教学实践贯穿始终的教学体系与特色。

　　本系列教材是鲁迅美术学院染织服装艺术设计学院六十余年的教学沉淀，展现了学科发展前沿，以"纺织服装立体全局观"的大局思想，融合了染织艺术设计、服装与服饰设计、纤维艺术设计专业的知识内容，覆盖了纺织服装产业链多项环节，力求更好地为全产业链服务。

　　本系列教材秉承"立德树人"的教育目标，在"新文科建设""国家级一流本科专业建设点"的背景下，积聚了鲁迅美术学院染织服装艺术设计学院学科发展精华，倾注全院专业教师的教学心血，内容涵盖服装与服饰设计、染织艺术设计、纤维艺术设计 3 个专业方向的高等院校通用核心课程，同时涵盖这 3 个专业的跨学科交叉融合课程、创新创业实践课程、产业集群特色服务课程等。

　　本系列教材分为染织服装艺术设计基础篇、染织服装艺术设计理论篇、服装艺术设计篇、染织艺术设计篇、纤维艺术设计篇 5 个部分，其中，基础篇、理论篇涵盖染织艺术设计、服装与服饰设计、纤维艺术设计 3 个专业本科生的全部专业基础课程、绘画基础课程及专业理论课程；服装艺术设计篇、染织艺术设计篇、纤维艺术设计篇涵盖染织艺术设计、服装与服饰设计、纤维艺术设计 3 个专业本科生的全部专业设计及实践课程。

　　本系列教材以服务纺织服装全产业链为主线，融合了专业学科的内容，形成了系统、严谨、专业、互融渗透的课程体系，从专业基础、产教融合到高水平学术发展，从理论到实践，全方位地展示了各学科既独具特色又关联影响的特点，既有理论阐述，又有实践总结的集成。

　　本系列教材在体现课程深厚历史底蕴的同时，展现了专业领域的学术前沿动态，理论与实践有机结合，辅以大量优秀的教学案例、社会实践案例、思考与实践等，以帮助读者理解专业原理、指导读者专业实践。因此，本系列教材可作为高等院校服装与服饰设计等相关学科的专业教材，也可为该领域的从业者及爱好者提供理论与实践指导。

中国古代"丝绸之路"传播了华夏"衣冠王国"的美誉。今天，我们借用古代"丝绸之路"的历史符号，在"一带一路"倡议指引下，积极推动纺织服装产业做大做强，不断地满足人民日益增长的美好生活需要，同时向世界展示中国博大精深的文化和中国人民积极向上的精神面貌。因此，我们不断地探索、挖掘具有中国特色的纺织服装文化和技术，虚心学习国际先进的时尚艺术设计，以期指导、服务我国纺织服装产业发展。

一本好的教科书，就是一所学校。本系列教材的每一位编者都有一个目的，就是给广大纺织服装时尚爱好者介绍先进思想、传授优秀技艺，以助其在纺织服装产品设计中大展才华。当然，由于编写时间仓促、编者水平有限，本系列教材可能存在不尽完善之处，期待广大读者指正。

欢迎广大读者为时尚艺术贡献才智，再创辉煌！

鲁迅美术学院染织服装艺术设计学院院长
鲁美·文化国际服装学院院长
2021 年 12 月于鲁迅美术学院

前言

　　服装平面制板所蕴含的服装结构知识是服装行业的基本语言，也是服装行业公认的"国际语言"。服装平面制板中的"平面"二字表达了服装结构设计的主要操作方式，这源于其操作对象——纺织面料长久以来所形成的物质形态。从早期个体手工缝制到现代工业化批量生产，纺织面料在构成和性能上不断变化，但其物质形态始终没变。因此，无论是中国传统的比例式裁剪，还是西方的立体裁剪，抑或是今天我们使用数字工具如服装 CAD 等通过可视化的平面和立体对照的方式完成服装制板，服装平面板型始终是服装结构设计的最终表达形式。

　　因此，看待服装平面制板的角度不能局限在"立体"制板的操作形式上，而应将立足点放在对服装结构语言的学习上。例如，平面制板的知识体系包括对人体结构的认识，也包括对标准体型、特殊体型结构特点的认识；相对应的，就有对板型在不同体型下典型结构的变化处理；再进一步就是结合具体款式和人体体型，对结构特点进行运用，并根据反馈结果调整板型，从立体意识回到对平面板型的最终确定上。

　　党的二十大报告提出："以国家战略需求为导向，集聚力量进行原创性引领性科技攻关，坚决打赢关键核心技术攻坚战。"这既是服装行业在激烈的市场竞争中获得新的利润点的主要技术指导方向，又是教师教授服装平面制板相关知识的基本立足点，即培养学生对服装结构的创新性思维和正确表达能力，也为笔者根据长期教学实践，给初识服装结构的学生设定学习目标指明了方向。

　　"服装平面制板"课程是鲁迅美术学院染织服装艺术设计学院自建院以来就开设的专业基础课，也是本科一年级的结构初识课。本书是一本具有较强实践性的专业教材，主要体现在以下方面。

　　首先，本书包含大量具体案例，每个案例都融入相关理论知识，且准确描述操作过程；其次，本书依据专业学习逻辑设定案例，重视案例之间的递进关系及差异性；最后，本书在编写过程中，对案例的设定注重新颖性，力求在呈现基础结构知识的同时，便于学生在不同流行趋势下灵活使用。希望学生通过对本书的学习，能够多角度地理解服装平面结构语言，多维度、深层次地进行服装结构的创新设计。

　　由于编者水平有限，书中难免存在不足之处，敬请广大读者批评指正。

编者

2024 年 4 月

导论 /1

第一章　服装结构造型基础知识 /3

第一节　服装结构设计 /4

一、服装结构设计 /4

二、服装结构设计课程的重点 /4

三、服装结构设计方法的类别 /4

四、服装结构制图的基本要求 /6

第二节　人体体型与人体测量 /7

一、人体体型 /7

二、人体测量 /8

第二章　服装制图专业术语 /13

第一节　服装制图基础 /14

一、服装制图工具 /14

二、服装专业制图符号与国际制图语言 /15

三、服装制图术语及各部位线条名称 /16

第二节　服装成品规格与号型系列 /19

第三章　人体体型特征分析 /23

第一节　人体体型特征与服装结构的对应关系 /24

一、胸背部 /24

二、腰部 /25

三、臀部 /26

第二节　人体体型的平面表达 /26

一、原型的绘制 /26

二、原型构成基本原理 /27

目录

第三节　原型样板系统的建立　/32
　　一、生产方式　/32
　　二、样板系统的组成　/34

第四章　平面制板的造型工艺　/37

第一节　省　/38
　　一、省的概念　/38
　　二、胸省　/40

第二节　省的操作方法　/42
　　一、旋转定位法　/42
　　二、剪开法　/44

第三节　褶裥　/49
　　一、褶裥的视觉形态　/49
　　二、褶裥的工艺表现　/49

第四节　分割　/56
　　一、分割的必要条件　/56
　　二、分割具体案例　/57

第五章　领子　/63

第一节　领子的基本结构　/64
第二节　无领结构　/64
第三节　合体领型　/71
　　一、立领　/71
　　二、平领　/73
　　三、水兵领　/75
　　四、立翻领　/76

CONTENTS

第四节 半合体领型 /80

第六章　袖子　/83

第一节　袖子结构的基础知识　/84
　　一、基本概念　/84
　　二、袖子的类别　/84
　　三、结构类型　/85
第二节　袖子构成元素的互动关系　/89
　　一、袖山高　/89
　　二、袖肥　/93
　　三、袖山吃势　/97

第七章　肩背部结构设计　/103

第一节　肩背部结构特点　/104
第二节　肩背部服装工艺特点　/105
　　一、肩省　/105
　　二、肩斜　/106
第三节　肩背部设计案例分析　/107
　　一、肩省转移到分割线　/107
　　二、肩省的分散　/108
　　三、肩省与褶裥的配合　/109
　　四、背部分割与定位碎褶裥　/110
　　五、背部横过肩　/111

参考文献　/114

导　论

"服装平面制板"是鲁迅美术学院服装与服饰设计专业的传统制板课程。该课程以服装原型理论为导引，旨在让学生对服装平面制板的原理、服装板型专业平面语言有基本的了解，并能够使用原型进行平面制板的相关操作。在课程中，教师向学生介绍服装平面制板工具的使用方法，学生重点学习结构线条的概念化、规律化知识，从而使服装平面制板的线条操作更加灵活、创新性更强。

基于此，本书共设置7个章节，对服装平面制板的基本操作规则和服装板型的生成原理逐一进行讲解，采取从人体到平面板型，再回到人体的讲解思路，使相关知识体系的构建有据可查、有方法可依；同时，强调课程的实践性，采取从理论到实际案例，再回到理论的实践思路，对案例的设置重视逻辑性、典型性，鼓励学生就理论知识进行拓展性案例再设计，并从平面结构出发发散思维去分析、解决问题。在本书的学习过程中，学生应重点掌握对平面板型省位的转换，以及对省道与其他工艺语言的转换、协调使用，进而掌握以平面形式表达服装、人体、服装板型之间关系的方法。

第一章
服装结构造型基础知识

CHAPTER ONE

【本章要点】

1. 了解服装平面制板的分类及特点。

2. 了解服装结构制图的基本要求。

3. 掌握人体测量的方法。

【本章引言】

本章按照服装与服饰专业对人体构成形式的划分对人体支撑点、人体框架结构进行讲解，阐释人体与服装结构之间的依存关系。学生通过学习本章，将为后面章节学习人体体型特征分析、平面制板的造型工艺打下基础。

第一节　服装结构设计

一、服装结构设计

服装结构设计包括服装制板和服装推板两部分。其中，服装制板是服装设计人员设计构思实物化的主要技术支撑。由于服装覆盖人体，因此服装制板的主要任务是表达以人体为蓝本的服装结构造型变化，依据服装的造型体量变化及其与人体的关系，兼顾面料质地、性能和工艺要求进行结构制图。

二、服装结构设计课程的重点

服装结构设计是一门理论和实践相结合，侧重于技能培养的课程。本课程培养学生依据既定服装的造型和款式进行结构造型分析设计的能力，使学生树立科学的、尊重客观事实的研究分析视角，同时培养学生在结构设计上的创新思维能力和想象力，以及扎实的操作技能。具体包括以下几个方面。

（1）读图。分析服装效果图，解构服装内部结构的关系、外部造型的轮廓特点及其反映的专业表达语言。

（2）熟悉人体结构特点，掌握相关部位的测量方法，建立人体与服装之间的空间构成意识。

（3）掌握平面制板的基本专业语言、结构分析原理及结构表达方法。

（4）熟练掌握原型的制作方法，理解原型所蕴含的原理及原型与人体的关系。掌握改变原型的技巧，进而掌握分析服装结构的方法。

三、服装结构设计方法的类别

平面裁剪指根据指定的款式和规格尺寸在平面的纸或面料上，运用一定的计算公式、变化原理，绘制出服装的平面结构并进行裁剪。平面裁剪的制图方法可细分为比例分配式制图、原型制图等，基本上都是以单一部位尺寸为比例分配基数进行推算的制图方法。例如，袖窿深、胸背宽、袖宽等具体尺寸都是以某一部位的已知尺寸为依据，通过一定的比例关系推算得出的。

1. 比例分配式制图

比例分配式制图是我国传统平面制板方法。它是以单一部位尺寸为比例分配基数，将基数代入已有的公式中，通过在后面加减适当的定数进行结构比例的分配。从点到框架的逐一建立，是依据几个主要围度的尺寸按一定的比例关系推算求得服装全部尺寸。

比例分配式制图有其特定的使用背景，是人们在服装制作过程中对服装结构分析的经验积累。同时，比例分配式制图适用于特定的款式和服饰种类（如传统旗袍、连袖中式男装等），它的裁剪公式和数据分配大多基于对某一服饰种类造型特点的描述，具体设计对象的围度尺寸与其结构并不十分协调。

2. 原型制图

原型的产生基于人体所具有的共性，这个共性即不同地域、不同人种、不同年龄、不同性别的人群在人体上所具有的共同点。当然，随着这些限定条件的加入，原型的种类变得极为丰富，这也说明了人体在不同自然条件下存在差异性。原型是一种服装结构设计"工具"。工具是人类在大量的生产劳作过程中发明并不断改进的，用以帮助人们提高生产效率的东西。随着科技的发展，生产力水平的不断提升，以及人类对人体认识的不断深化，服装行业工业化进程不断推进。为了使服装结构设计环节更好地融入生产实践并不断进步，人类发明了原型这一"工具"，它既是一套操作方法，又是一个科学的服装结构理论体系。

我们可以将原型所呈现的状态和使用方式定义为服装结构设计的平面操作方法。原型的制作依托立体的人体，是一种对人体进行结构变化的制图方法。因此，原型不同于比例分配式的平面思维（即将成衣数值以公式换算的形式进行分配，搭建基本的服装结构框架），它是从人体的基型出发进行款式变化的。我们通常把立体裁剪定义为具有结构设计的裁剪方式。从操作方式上看，立体裁剪要在立体的人台上塑造服装的结构特征，并立体地分析服装结构变化。那么，原型无疑是服装平面制板所使用的"人台"工具。

原型初始板型如何获得呢？通常采用科学的手段，先对特定年龄区间人群的人体各部位数据进行测量，然后对数据进行科学统计，分析统计数据所反映的该人群人体生理结构的特点，得出该人群人体各部位最具代表性的数值，最后以这组数值为标准，以人体躯干腰围线以上的结构为基础进行筑模，构建出该组数值对应的人体模型。然后对模型进行切割，对剥离后的模片进行平面分解调整，以获得一个最接近人体的平面图形。将这个平面图形作为基本模板，再加上基本的宽松量，这个宽松量可以是呼吸量，也可以是针对特定服装品种的造型量。依据不同的用途，对这一基本模板进行造型上的归纳、矫正、简化轮廓等处理，形成原型。

人们需要借助科学技术分析人体变化、制作原型，解剖学等现代科学的发展为原型的发展提供了理论支撑。

原型的专业知识体系也完全在服装工业化生产的基础上建立起来。原型数据库体系与板型构成体系的搭建有利于产品的拓展和品牌整体造型的稳定；原型灵活的操作方式适合现今品牌多样化的生产模式；平面纸样的呈现使板型直接对接生产，可利用数字化设备对板型进行保存及再利用。

3. 立裁

立裁将立体的人台作为结构设计的预设对象，在其上设置和人体相对应的辅助线及对应点。根据服装的款式变化，通过剪开、收拢等工艺手法，改变二维纺织面料的纱向丝缕，最大限度地展现服装与人台的空间关系。

立裁的专业操作要求严格，严谨的标识确保完成后的样板能准确地转成平面样板，并保持衣片的立体形态。在转为平面样板后，同样要做符合人体结构的细微修改，这时要根据立裁人台个体特征和板型基本构成之间的关系，以及指定服装内外轮廓的表现进行修改。在进行假缝之后，要回到人台上进行最后的立体矫正，完成后取下，按照板型专业要求拓展成最终的平面板型。

四、服装结构制图的基本要求

（1）结构图是反映目标服装款式的平面解析图，因此结构图中点的位置（点之间的距离等）、线的造型（线的曲直、斜度等），以及所形成图形的整体廓形都要以准确表达款式为目标。款式构成和人体运动机能参数是衡量结构图是否合理的最终标准。

（2）结构图中各部位的具体尺寸是对结构造型的约束和限制。有些是对人体特征的描述，如 B/4 对应人体对称式胸围；有些是对线的造型和服装框架的调控，如 1/3、1/4 曲线曲度的绘制；有些是常数，常数一般会精确到毫米。

（3）结构图是服装生产活动中的一种专业表达方式，它包括结构线条、轮廓造型、对位符号，以及服装专业生产环节进行板型交流的专业语言。掌握专业语言的规范表达方式，是合理、准确表达结构图的关键。

第二节　人体体型与人体测量

一、人体体型

人体的形体变化和外形轮廓决定服装结构的实际表达方式，因此准确测量人体相关部位的长度、宽度、围度等尺寸数据，是获取人体特征的首要手段，也是最直接的手段，同时还是后续进行服装制图的主要依据。

1. 人体主要基准点（图 1.1）

人体的基准点指人体生理结构自然形成的形体变化基准点，是人们为了解自身形体变化而定义的点。在以人体为操作对象的服装制板领域，基准点尤为重要。基准点可以帮助操作者了解人体形体，同时是服装结构制图的基础。

前颈点	位于人体前中央颈、胸交界处，它是前颈窝定位的参考依据。
颈椎点	位于人体后中央颈、背交界处，它是测量人体背长及上体长的起始点、测量服装后衣长的起始点及服装后领窝定位的参考依据。
侧颈点	位于人体颈部与肩部的交界处，它是测量人体前、后腰节长的起始点，测量服装前衣长的起始点及服装领肩点定位的参考依据。
肩端点	位于人体肩关节峰点处，它是测量人体总肩宽的基准点、测量臂长或服装袖长的起始点及服装袖肩点定位的参考依据。
胸高点	位于人体胸部左右两边的最高处，它是确定女装胸省省尖的方向、女装上衣结构变化的参考点。
背高点	位于人体背部左右两边的最高处，它是确定女装后肩省省尖位置的参考点，也是背部结构的主要操作区域。
前腋点	位于人体手臂自然下垂状态下，与胸部的交界处，它是测量人体胸宽的基准点。
后腋点	位于人体手臂自然下垂状态下，与背部的交界处，它是测量袖体与衣身在后片结构变化的参考点。
前腰节点	位于人体前腰部正中央，它是前左腰与前右腰的分界点。
后腰节点	位于人体后腰部正中央，它是后左腰与后右腰的分界点。
腰侧点	位于人体侧腰部正中央，它是前腰与后腰的分界处，也是测量服装裤长或裙长的起始点。
臀高点	位于人体后臀左右两侧最高处，它是确定服装臀省省尖位置的参考点，是下装主要的结构变化区域。
前手腕点	位于人体手腕的前端，它是测量服装袖口尺寸的基准点。
后手腕点	位于人体手腕的后端，它是测量人体臂长的终止点。
髌骨点	位于人体膝关节的外端，它是测量并确定服装衣长的位置点。
踝骨点	位于人体脚腕处侧中央，它是测量人体腿长的终止点，也是确定服装裤长的位置点。

图 1.1　人体主要基准点

2. 人体主要基准线（图 1.2）

我们将基准点按照它们所处的不同部位进行连接，就形成了分布在人体表面的基准线。这些基准线是对人体形体特征的描述，有直线、曲线、不规则曲线、闭合曲线等表现形式。在服装平面制板过程中，基准线会有相对应的线型和框架表达。基准线是服装结构制图的最终呈现形式。

颈围线	一般前经喉结下口 2cm 处，后经颈椎点，它是测量人体颈围的基准线，也就是领子的上口线，同时也是款式变化时的基础参考线。
颈根围线	颈根底部围量线，前经前颈点，侧经侧颈点，后经颈椎点，它是测量人体颈根围的基准线，是服装领围定位的基础线，同时也是款式变化时的基础参考线。
胸围线	经过胸高点的胸部水平围量线，是进行服装结构设计的基础结构线。
腰围线	腰部最细处的水平围量线，它是测量人体腰围及臀围的基准线，也是进行服装结构设计的基础结构线。
臀围线	臀部最丰满处的水平围量线，它是测量人体臀围及臀长的基准线，也是进行服装臀围线定位的参考依据。
中臀围线	腰至臀平分部位的水平围量线，它是合体服装的一条参考结构线。
臂根围线	臂根底部的围量线，前经前腋点，后经后腋点，上经肩端点，它是测量服装衣片袖窿长度的参考依据。
臂围线	腋点下上臂最丰满部位的水平围量线，它是测量人体臂围的基准线。
肘围线	经前、后肘点的上肢肘部水平围量线，它是测量上臂长度的终止线，也是服装袖肘线定位的参考依据。
手腕围线	经前、后手腕点的手腕部水平围量线，它是测量人体手腕围度的基准线及臂长的终止线，也是服装长袖袖口线定位的参考依据。
腿围线	会阴点下最丰满处的水平围量线，它是测量人体腿围的基准线，也是服装横裆线定位的参考依据。
脚腕围线	经脚腕部最细处的水平围量线，它是测量脚腕围的基准线及腿长的参考线，也是服装长裤脚口定位的参考依据。
肩中线	由侧颈点至肩端点的肩部中心线，它是人体前、后肩的分界线，也是服装前、后衣身上部分界线和服装肩部结构的构成线。
前中心线	由前颈点经前腰节点至会阴点的前身对称线，它是服装框架结构的前片制图基础线。
后中心线	由颈椎点经后腰节点顺直而下的后身对称线，它是服装后片框架结构的制图基础线，也是以它为基础的后片结构的纵向主线。
胸高纵线	从胸高点出发，向上到达肩部、向下到达服装底摆处的前胸基础分割线。
背高纵线	从背高点出发，向上到达肩部、向下到达服装底摆处的背部纵向分割线。
前肘弯线	由前腋点经前肘点至前手腕点的手臂纵向顺直线，它是服装前袖弯线定位的参考依据。
后肘弯线	由后腋点经后肘点至后手腕点的手臂纵向顺直线，它是服装后袖弯线定位的参考依据。
侧缝线	它是人体胸部、腰部、臀部及腿部前后的分界线，是服装前、后衣身（或侧缝）的分界线，也是服装结构框架的外轮廓线。

图 1.2　人体主要基准线

二、人体测量

随着科技的进步，人们获取人体数据越来越方便，所获取数据的准确度也越来越高。对设计人员来说，传统的测量方式是直接使用软尺测量，依据既定的款式获得所需数据，并依据数据进行结构设计制图，也就是我们常说的"量体裁衣"。

1.量体要点

在量体之初，要对既定服装款式进行深入分析，主要是确定要量取的基本数据的种类，以及与变化后的款式相关的特定尺寸。接下来，需要对被测量对象整体外部特征进行观察和归纳。

对于同一种服装款式，如果量体、裁剪方式不同，会产生完全不同的效果。因此，对所有学习服装结构设计的人来说，掌握"量体裁衣"的基本知识是做出质量上乘、合体美观的服装的关键。

量体时，应注意以下几点。

（1）要求被测量对象站立端正，自然呼吸，不能屏住呼吸。

（2）站在被测量对象的正斜方向，软尺要保持水平，依据个人制板方法、被测量对象所穿衣服的厚薄程度，以及所要制板的服装，调整软尺的松紧放量。

（3）量体要按照一定的顺序进行，例如，先测量胸围、腰围、臀围，再测量人体的其他尺寸，按顺序进行，以免漏量。

（4）使用专业词汇清晰、准确地记录测量结果。

2.量体部位及测量方法

（1）衣长：自侧颈点向下通过BP（Bust Point的缩写，即人体胸部最高点，是国际服装行业通用术语）至所需部位。

（2）胸围：在胸部最丰满处，过BP，水平围量一周。

（3）腰围：在腰部最细处，水平围量一周。

（4）臀围：在臀部最丰满处，水平围量一周。

（5）腹围：在腹部最丰满处，约在腰围线与臀围线的中间，水平围量一周。

（6）腰长：自腰围线量至臀围线。

（7）背长：自后领中心点量至腰围线。

（8）前腰节长：自侧颈点过BP量至腰围线。

（9）身长：经颈椎点至脚底（脚后跟）。

（10）总肩宽：自左肩端点过后领中心点量至右肩端点。

（11）背宽：从左侧后腋下量至右侧后腋下。

（12）胸宽：从左侧前腋下量至右侧前腋下。

（13）袖长：自肩端点过肘点量至手腕骨（量时手臂稍弯曲）。

（14）连袖长：自侧颈点过肩端点、肘点量至手腕骨。

（15）肘长：自肩端点量至肘点。

（16）胸高：自侧颈点量至BP。

（17）胸点距离：两BP之间的距离。

（18）头围：过前额至脑后突出部位水平围量一周。

（19）颈根部围度：过前颈点、侧颈点、颈椎点水平围量一周。或取前颈点、侧颈点、颈椎点之间的长度的2倍。

（20）腋围：过前、后腋点，围量一周。

（21）臂围：围量上臂最粗处一周。

（22）肘围：围量肘关节一周。

（23）腕围：围量腕骨一周。

（24）手掌围：五指并拢量其最宽处一周。

（25）脚踝围：经过脚踝骨围量脚脖子一周。

（26）脚口：取脚踝围的一半。

（27）裤长：自腰围线垂量至脚踝围线。

服装专业尺寸与人体对照见图1.3。

【思考与实践】

1. 认真练习科学的量体方法。

要求：

（1）量体时操作规范，数据记录详细、准确。

（2）分析测量数据，总结数据所反映的人体特点。

2. 熟练掌握服装专业术语。

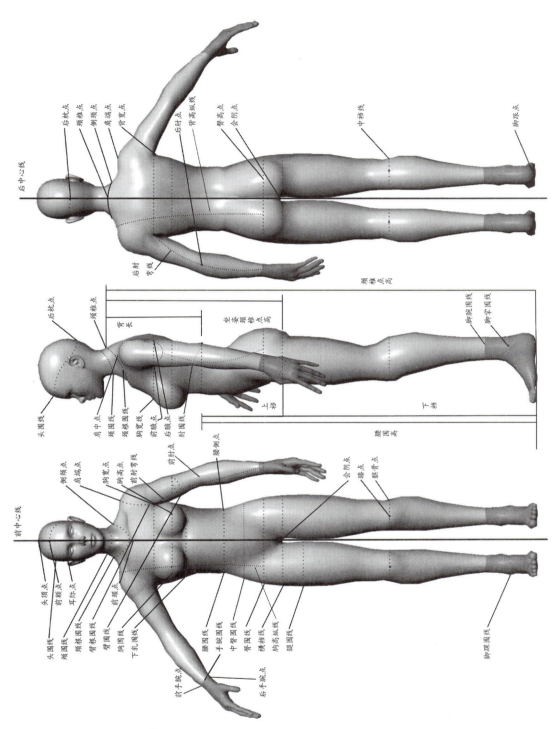

图 1.3　服装专业尺寸与人体对照

第二章
服装制图专业术语

【本章要点】

1. 服装专业制图符号与国际制图语言。
2. 服装成品规格与号型系列。

【本章引言】

本章介绍进行服装平面制板前的准备工作，包括对服装制图工具及其作用、服装专业制图语言等内容的介绍，重点介绍制图号型，包括号型的构成与针对设计对象的号型选择。

第一节　服装制图基础

一、服装制图工具

随着服装行业及服装相关行业科技水平的提升，服装制图工具不断发展进步。服装制图工具应满足设计人员的工作需要，而工具本身使用性能的发挥水平还与设计人员使用该工具的熟练程度有关。

常用服装制图工具如下。

1. 尺

直尺：主要用于测量长度和绘制直线框架。

皮尺：主要用于测量人体。

三角板：用于作垂直线、直角等。

曲线板：用于作曲线，包括直弯尺、袖窿尺、弓背尺等。

比例尺：用于绘制小比例图。

2. 其他工具

纸：打板纸。

笔：自动铅笔、针管笔。

橡皮：2B 橡皮、4B 橡皮。

二、服装专业制图符号与国际制图语言

1. 制图符号

制图符号见图 2.1。

名称	符号图形	符号用途
轮廓线	———	服装和零部件的轮廓线
基础线	———	图样结构的基本线和辅助线
连拆线	—·—·—	对折线（对称部位）
等分线	⌒⌒⌒	表示等分及其分数
虚线	--------	服装结构制图的辅助线
对格	＋	表示该部位需要作对格处理
对条	＋	表示该部位需要作对条处理
扣眼位	I	衣片锁眼的位置
纽位	⊙⊕	衣片钉扣的位置
对位	—∨—	表示衣片边缘开小剪口，起定位作用
经向	←→	表示衣片面料经向（直丝）方向
等量符号	▲■●◆△□○◇	表示两个部位等量
标准尺寸	⏐←S→⏐	表示箭头两方之间的距离，S 可以是数值或公式
直角	⌐ ∟	表示两条直线或直线与弧线相互垂直
明裥	⊓⊓	表示外露的裥量
暗裥	⊓⊓	表示隐藏的裥量
褶裥	⊓⊓⊓⊓	表示这一部分有规律的折叠
缩裥	∿∿∿	表示将衣料直接收拢成褶裥

图 2.1 制图符号

2. 国际制图语言

国际制图语言见图 2.2。

长度	围度	点及线
衣长：L	胸围：B	胸高点：BP
裤长：TL	腰围：W	肩端点：SP
背长：BAL	臀围：H	侧颈点：SNP
前腰节长：FWL	中臀围：MH	后颈点：BNP
袖窿弧长：AH	颈围：N	前颈点：FNP
袖长：SL		腹部：A
袖口：CW		臀部：B
脚口：SB		大腿：T
肩宽：S		胸围线：BL
胸宽：FW		腰围线：WL
背宽：BW		臀围线：HL
		中臀围线：MHL
		颈围线：NL
		袖肘线：EL
		膝围线：KL

图 2.2　国际制图语言

三、服装制图术语及各部位线条名称

1. 净样

服装结构设计完成后，得到服装结构基本的轮廓造型样板，不包括缝份、贴边等外延部分的样板。

2. 毛样

在进行服装结构分析时，一种思路是考虑到制作环节，在结构分析时加入制作的量，也就是缝份；另外一种思路是先制作净样，然后在净样的基础上加放缝份，制成可以直接用于生产的毛样（服装面料的组织结构不同，会有不同的缝合方式，可以按照布料的厚薄程度调整缝份，一般为 0、8cm、1cm、1.5cm）。毛样的板型包括服装所有部件的板型，如兜盖、腰带等的板型。同时，毛样的板型上还要准确标注板型信息，如数量、纱向、板型号型等。

3. 画顺

画顺是服装结构制图的基本方式。服装结构制图的基本思路来自对人体的定点、定线的理解。因此，在确定结构的关键点和关键线的位置时，通常会将点与点、直线与弧线、弧线与弧线等光滑且圆顺地连接在一起，结构衣片本身外轮廓也会采用圆顺连接。

4. 劈势

劈势指前开襟服装在止口位置的偏进量，如女装的挺胸体、男装的凸肚体等，是结构制图中使直线与实际人体造型曲线协调的处理。劈势在理论上是存在的，在实际制板过程中也有对止口位置人体曲线的相应处理工艺，主要解决前止口的纱向问题。由此可见，结构制图通常是相关工艺的配合使用。单一处理往往不是最好的设计手段，有时还会出现问题。

5. 翘势

翘势指水平线的上翘（抬高），这是人们在对人体体型及面料纱向的长期探索中得到的对结构设计的平衡处理手段。

6. 困势

困势指直线的偏出，如裤子侧缝困势指后裤片在侧缝线上端的偏出。

7. 刀眼

刀眼指在衣片的外口部位剪出的一个小缺口，起定位作用。

8. 门襟

门襟指衣片的锁眼边。

9. 里襟

里襟指衣片的钉纽边。

10. 搭门

前衣片为开襟状态时，门襟和里襟叠合的部分。

11. 挂面

挂面又称贴边，是服装在开襟状态时衣片搭门处的处理工艺。挂面通常宽于搭门，是搭门的反面结构，也有依据设计缝制在衣片表面的结构形式。

12. 过肩

过肩也称复势、约克，指应用于男、女上衣肩部的双层或单层布料。

13. 驳头

驳头指挂面第一粒纽扣上段向外翻出的不包含领的部分。

14. 省

省是人们在对人体结构和人体与服装之间的空间不断探索的过程中归纳出的最主要的服装工艺表现形式。因此，省是使服装合体的主要处理手段，并且依据结构位置的不同有不同的命名。同时，省还是许多其他服装工艺的基本表现样式。

15. 褶裥

褶裥是省道的特殊表现形式。在服装结构工艺表现上，褶裥基本处于一种半合体的状态，主要对服装和人体起到装饰作用。因此，褶裥在造型上的作用主要体现在对服装外部轮廓的扩展上。许多褶裥依据其表现形式命名，如明褶裥、暗褶裥；也有的采用工艺样式命名，如碎褶裥。在服装设计领域，褶裥的发展历史悠久，如今已成为主要的设计表现形式，这是人们对服装结构的认识不断深化的结果。随着热压定型、缝制等制作工艺的进步，褶裥的表现形式日益丰富。

16. 袖头

袖头又称克夫，缝接于袖子的下端，它是一种使袖体宽松、袖口合体的工艺表现方式。在合体的要求下，服装在人体手腕部需要有合体尺寸，因此袖头在服装制作后期需要有纽扣或者松紧工艺辅助完成合体。同时，随着服装文化的发展，单纯地在手腕部断开衣袖，以异色布或者其他工艺形式进行装饰，也成为常用的设计手段。

17. 分割

分割指根据人体曲线形态或服装款式变化，在服装衣片上进行部位之间的切断处理。常见的分割形式如公主线就是从袖窿处划线至底摆，进行切断处理。此外，还有完全装饰性的分割，如明线、圆绲、包边等。分割是服装结构设计中单纯表现线的工艺形式。

第二节 服装成品规格与号型系列

我们在进行结构设计时，如果不是针对特定的个体，通常会选择一个通用的服装号型作为制图的标准。这样的代表不同地域和生产标准的通用号型，都是经过广泛的人体测量整理出的数据。以国际 5.4 系列为例，数字"5"指服装规格中的"号"，是对人体身高的划分，在两个"号"之间，以 5cm 为一个档差，如 155cm、160cm、165cm、170cm、175cm、180cm，依此类推。数字"4"指服装规格中的"型"，是对人体胸围的划分，在两个"型"之间，以 4cm 为一个档差，如胸围 76cm、80cm、84cm、88cm、92cm、96cm。"号"和"型"从服装专业的角度，对服装成衣规格的基本框架进行了划分。

我们平时常使用的"160/84A"这样的号型表达方式，是以服装成衣规格基本框架为基础进行的更加详细的号型描述，前面是号，后面是型，以斜线分开，最后面的字母代表体型分类。

我们以"160/84A"为例，分析它涵盖的相关体型信息。"160"代表身高，指身高在158～162cm 的人群。这个区间涵盖了五类身高人群，即 158cm、159cm、160cm、161cm、162cm 的身高人群。这是我们参考设计对象长度方向的尺寸，对号型选择的第一个限定，它影响的尺寸是衣长、裙长、裤长等。

第二个限定是斜杠后面的"84"。这个数值代表胸围，指胸围在 82～86cm 的人群。这个区间涵盖了胸围为 82cm、83cm、84cm、85cm、86cm 的人群。这是我们针对设计对象，在围度方向设定的参考尺寸。

最后的字母"A"代表体型特征，指人体胸围和腰围的差值，如我们所选的 A 体型，女性的胸腰围差一般在 14～18cm。若胸围为 84cm，在 A 体型区间内的标准腰围应该为66～70cm。体型划分对照如图 2.3 所示，可以看出 Y 体型对应的是偏瘦的体型；A 体型对应的是标准体型；B 体型对应的是微胖体型；C 体型对应的是肥胖体型。

需要注意，"160/84A"还包括臀围 90cm 等该号型的其他基础数据。以上半身为例，若前腰节长为 41cm，后腰节长为 38cm，则可推算出前后差在 3cm；若前胸距为18cm，胸高为 25cm，即使胸围相同，也存在 23～25cm 的胸高差。标准体人体尺寸对照表见图 2.4。

体型	女性	男性
Y	19～24	17～22
A	14～18	12～16
B	9～13	7～11
C	4～8	2～6

图 2.3　体型划分对照（单位：cm）

部位	数值																			
身高	145			150			155			160			165			170			175	
颈椎点高	124			128			132			136			140			144			148	
坐姿颈椎点高	56.5			58.5			60.5			62.5			64.5			66.5			68.5	
腰围高	89			92			95			98			101			104			107	
胸围	72			76			80			84			88			92			96	
颈围	31.2			32			32.8			33.6			34.4			35.2			36	
肩宽	36.4			37.4			38.4			39.4			40.4			41.4			42.4	
腰围	54	56	58	58	60	62	62	64	66	66	68	70	70	72	74	74	76	78	78	80	82
臀围	77.4	79.2	81	81	82.8	84.6	84.6	86.4	88.2	88.2	90	91.8	91.8	93.6	95.4	95.4	97.2	99	99	100.8	102.6

图 2.4　标准体人体尺寸对照表（单位：cm）

【思考与实践】

1. 选择具体设计对象，为其匹配相应的服装号型。要求如下：

（1）测量数据设定准确，对应号型准确。

（2）依据号型分析设计对象与标准号型之间的差异。

2. 熟练掌握服装制图术语及其在服装上的具体形态。

第三章
人体体型特征分析

【本章要点】

1. 人体体型特征与服装结构的对应关系。
2. 原型的绘制及其构成原理。
3. 原型样板系统的建立。

【本章引言】

本章从服装结构框架的角度，对人体体型特征进行分析，主要目的是衔接原型的绘制及其构成原理等内容。本章内容依据实际生产操作流程设定，包括如何设定原型、如何建立原型样板系统。

第一节　人体体型特征与服装结构的对应关系

　　人体体型特征由骨骼、肌肉及运动中的协调机能共同作用形成，立体的人体与服装结构之间存在不同的内外空间定义且相互制约。我们除需在高度、围度方面考虑板型比例，还要从不同的角度对人体整体的廓形及人体内部结构在基本运动下的机能变化加以了解。了解人体结构，以及人体运动机能与服装结构之间的互动关系，是构建服装结构板型的前提。

一、胸背部

　　以腰围线为界限，人体上部躯干的形体起伏较大，是服装结构主要需要解决的体型变化区域。因此，很多类型的原型是以腰围线为界线，集中表现腰围线以上的部分。当然，随着服装用途和生产规模的扩大，也存在将原型设定在臀围线或更长的基础板型上的情况，但是服装的主要结构变化还是集中在腰围线以上的部分。

　　胸部结构主要指胸腔部分隆起，造成和肩部的不规则曲面衔接，以及和腰部的落差比。背部结构主要指肩胛骨部分凸起，与肩部、袖窿、腰部、后中心分别产生不同的悬浮量。

　　女性的胸部结构主要表现为胸部隆起，以胸高点为中心，分别向 4 个方向呈现面积、造型完全不同的斜面，大体可以归纳为圆锥面状。这部分结构的变化因女性生长发育情况而存在差异。这种差异的存在，有利于我们加深对不同的服装板型的理解，因为这是服装类别和体型差异造成板型区别的很好例证。

　　不同年龄的女性胸部结构变化也有很大的差异，这部分结构变化不能孤立地理解，而应该结合背部、颈部的结构变化进行理解，这有利于我们学习不同体型的结构变化，如厚背体、挺胸体等。此外，女装胸部结构的造型处理还受审美标准等文化因素的影响。因此，女装胸部结构设计在服装结构设计中最具代表性。

　　由于男性胸部结构呈扁平的球面状，因此男性上部躯干的形体起伏比较平缓。我们对男装的审美认识强调大体量的表达，这既是基于男性实际体态的认识，又是进行男装结构设计和工艺表达的现实基础。

　　相较于胸部，人体背部以肩胛骨为中心。肩胛骨是背部的最高点，也是背部结构设计需要处理的主要部位。这部分结构相较于胸部虽然起伏不大，但作为人体背部轮廓的支撑，它与肩部、颈部存在联动关系。肩胛骨和腰部的落差，是我们在处理后片造型时需要着重进行设计的部位。需要注意，由于女性背部肩胛骨凸起较男性明显，因此女性背部纵向曲线曲度更大；有的人背部肌肉群发达，其肩胛骨虽然不够突出，但背部横、纵方向的曲线曲度都会加大。

我们分析板型时，驼背体和老年体也是典型案例，这类人群肩胛骨的隆起非常明显，背部整体呈现弯弓状。因为脊椎曲度的加大也是背部结构变化的客观原因之一，所以驼背体和老年体是我们进行背部结构设计最有代表性的案例，可就此类代表案例作结构定向分析。

在服装结构上，胸背部的外形特征及差异主要表现在以下几个方面。

（1）女性的胸部结构特征决定了女装的结构设计相对比较丰富，如围绕胸省的省位转换、对前襟劈势的处理等。

（2）平面结构制图中设定的水平胸围线在立体结构设计中是会发生位移的，这种变化更符合胸围线的实际状态。

（3）人体胸部的隆起和背部肩胛骨的凸起是客观存在的，我们以水平腰围线为基准，分别从颈侧点测量前、后衣长到腰围线，会发现前后并不等长，存在腰节差，并且腰节差会因人的性别、年龄、体表肌肉分布形式不同而不同。例如，女性前、后腰节差一般小于男性，而男性后腰节长大于前腰节长。女性也会因为挺形体、厚背体的不同而出现不一样的腰节差，从而影响衣片的平衡处理。

（4）肩胛骨的凸起促使后衣片形成了以肩省为中心的结构设计，包括褶裥、分割、过肩的设计，也包括基于后片造型处理的省的转移。原型本身后肩省的设定就是对人体结构的实际表达，同时也是设计后衣片结构的一种方法和手段。

二、腰部

首先，人体的腰部是一个双曲面结构。我们平时对它的认识包括腰部最细处的围量尺寸、制图时的水平腰围线等。腰部一直以来被认定为人体美和合体服装造型美的标准，"细腰"是人们一直追求的、没有"最低尺寸标准"的标准。服装史上诞生了许多类似胸衣的极端服饰类别，目的都是塑造出令人满意的腰部造型。实际上，腰部的立体形态需要结合上面的胸部结构和下面的臀部结构塑造整体造型比，这样才能更直观地展现腰部的造型状态。视觉比例上的反差，会造成腰部纤细的结构特征，以及不同角度人体造型的曲线变化。也就是说，在处理腰部造型时，需要考虑胸部、腰部、臀部3个围度的配比，处理好胸腰差、腰臀差，进而对服装造型的轮廓、曲线变化进行调控。

其次，因为腰部是双曲面结构，所以腰部不同部位的省量不同。我们在进行原型的腰省分配制图时，应当注意这一点。

男性腰部的双曲面结构呈柱状且相对较长，腰部线条比较流畅，相同条件下男装的收省量小于女装的收省量，这说明男装更重视对服装外廓型的大线条塑造。而女性的腰节较短，在制作合体女装时，胸部围度和腰部围度之间的造型处理，还需要参考胸部和腰部过渡处的胸下围尺寸。另外，由于女性腰部侧面曲线弧度大，背部和臀部衔接处凹陷明显，因此该处的省道宽度和位置变化，决定背部线条的造型特征。女装腰部结构的处理，更强调对女性人体本身的塑造，服装与人体的贴体度更高。

最后，腰围线也是进行结构设计时长度方向主要的参考线。进行结构设计时，腰围线位置的设定，既可以决定衣服整体的造型，又可以平衡前后衣片的立体状态。例如，为了在视觉上拉长以腰围线为界的下半身的长度，较好地修饰人体比例，在进行结构设计时通常将腰围线的位置设置得高于实际腰围线，这也是一种利用腰围线制造视觉变化的制图方法。例如，"165/84A"号型的腰长是41cm，当我们设计礼服、连衣裙时，通常会将腰长设定在38cm左右，使人体显得更加修长；在设计女式套装时，通常会依据套装的长度将腰长设定在39cm左右；而在设计宽松大衣和外套类服饰时，通常会选择正常的腰长尺寸。

三、臀部

人体后臀向外明显凸起，呈球面状，臀部造型的处理主要考虑腰部和臀部外轮廓的塑造，以及后腰部到臀部高点曲面造型的处理。具体制板时主要考虑腰臀差的处理。女性腰臀差一般在14～20cm，制作合体的上衣或者裙装时尤其要考虑臀部的结构特征。男性臀部较宽，但在整体比例上小于肩宽。男性的腰臀差比女性更大，一般在20～26cm。

第二节　人体体型的平面表达

一、原型的绘制

制图的基本尺寸：胸围，84cm；背长，38cm；腰围，68cm；袖长，54cm（图3.1～图3.3）。其中，图3.1为原型衣片，图3.2为原型袖山高，图3.3为原型袖片。

二、原型构成基本原理

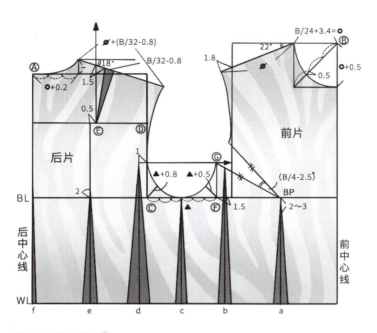

图 3.1　原型衣片[①]

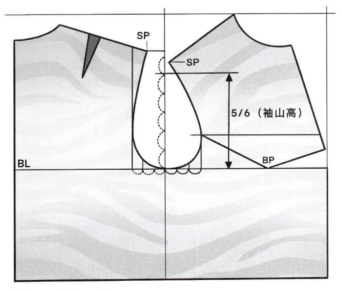

图 3.2　原型袖山高

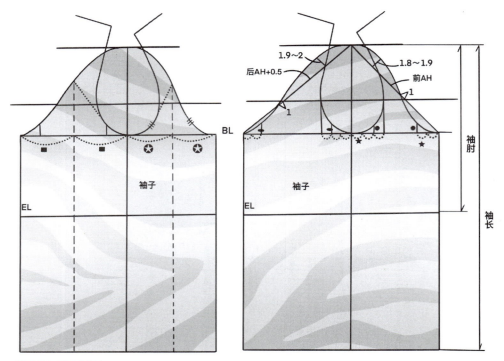

图 3.3 原型袖片

1. 原型框架

绘制原型的第一步就是建立原型框架，这个框架包括前中心线、胸围线、腰围线、后中心线、上平线、前胸宽线、后背宽线。虽然只是几条线段，但是它们之间的比例关系可以准确地概括人体体型特征，是保证平面制板准确度的重要参考。

原型的前中心线通常对应人体的中心线，也是进行结构制图时的主要参考线，胸围线、腰围线、臀围线都与它垂直相交。通常情况下，前中心线是我们进行结构制图时确定的第一条结构框架线。在实际操作时，我们将原型的前中心线与样板纸的边缘平行放置，然后绘制前衣片结构的前中心线。

在进行结构制图前，我们通常会先将原型前、后腰线水平对齐。将原型前、后腰线水平对齐，不仅可以进行衣长和侧缝长度的尺寸匹配，还可以反向确定制板对象腰围线的位置。原型是指某号型的覆盖率较高的通用体型，但它并不是一成不变的，在面对具体制板对象时，应作适当调整，比如腰围线的改动。同样是板型对齐处理，胸围线的水平对齐可以对袖窿造型进行调整，由于胸高和胸围的变化，实际胸围线会偏离原型的原始胸围线，出现上下浮动和角度倾斜的情况。

2. 净尺寸、原型尺寸和成品尺寸的关系

首先，净尺寸测量是我们在量体课程中主要练习的科目。测量净尺寸意味着我们要获取真实的人体数据，从服装专业的角度出发，测量时会适当加入呼吸量或者基本松量，但整体还是以获取真实的人体数据为目的。真实的人体数据是我们后期进行结构设计的基础。

其次，我们制作的原型是一个前衣片加一个后衣片的半胸围原型，制作时要求围绕胸部一周给定 12cm 的松量，这是一个基于衬衫类服装的基本松量。因此，制作前衣片和后衣片的松量就是我们看到的"B/2+6"。换句话说，原型尺寸是在净尺寸的基础上加了 12cm 的松量。净尺寸是我们使用皮尺实际测量具体对象获得的，如果给定的胸围是 84cm，那么制作完成的原型的胸围就是 96cm。也就是说，原型尺寸在胸围尺寸部分包含净尺寸和成品尺寸两项内容。

因此，在面对具体的设计案例时，首先应该获取设计对象的净尺寸，为其选择合适的原型，基本的衡量标准就是符合胸围和背长的号型范围。

我们在选择合适的原型后，就要依据需要制作的成衣类型进行成品尺寸的计算，这时的成品尺寸应保证基本的使用需要，还要考虑服装的廓形需要，以及实际穿着环境的需要等客观条件。例如，我们针对具体的服装款式，需要准确区分不同服饰类别的特点，如夹克的宽松度和套装的修身度的区别，或者可以说是夹克的方形轮廓和套装的 X 型轮廓的区别。

通过以上内容可以看出，成品尺寸的设定更多地依赖设计人员。设计人员首先需要对成衣类型有清晰、整体的认知。然后兼顾具体设计对象的体型特征和净尺寸，将松量分配到衣片的不同结构中去。在得出数值后，可依据原型尺寸进行计算，确定结构设计的思路及基本松量。服装造型松量对照见图 3.4。

3. 长度方向

首先，原型在长度方向上的定位是以侧颈点为起点，分别量取到不同的位置，如胸高点、胸围线、腰围线，进而量取到指定的位置，确定成品衣长。例如，"160/84A"的原型前衣片长度是 43cm，也就是侧颈点到腰围线的距离。在确定成品衣长后，用成品

	合体型	较合体型	半宽松型	宽松型
胸围	3~4	6~8	10~12	14以上
腰围	3~4	6~8	10~12	14以上
臀围	4~6	8~10		

图 3.4　服装造型松量对照（单位：cm）

衣长减去原型的长度，从原型腰围线向下加放剩余的长度，就完成了长度方向的框架设计。

"160/84A"号型的胸高是 25.3cm，这是从侧颈点量取到 BP 的距离。以"B/5+8.3"为长度标准，沿着前中心线反向垂直向上量取，可确定原型上平线，也可求得侧颈点与 BP 间的距离，即胸高。在实际测量胸高时，可以侧颈点为皮尺出发点，使皮尺自然下垂至胸高点。可以观察到，侧颈点与胸高点之间的连线不是垂直线，且因为每个人的胸部结构不同，前中心线、胸高点、胸距所形成的三角形造型也是不同的。在实际测量不同个体时，可以进行数据比较，这些数据是平面制板过程中关键的指导性数据，它们在一定程度上影响衣片的平衡性和稳定性。

其次，胸高与胸围尺寸变化存在线性关系。除了在标准号型内推算胸围的情况，在针对具体设计对象时，也应在准确获得其实际尺寸后，对原型作适当的调整，这一步在进行合体服装制图时尤为关键。同时，对于身高相同而胸高不同的两个设计对象，若根据身高选择同一号型，胸高在整体上会对衣长产生影响，导致出现不同的穿着效果。

最后，除了依据标准背长测量方法获得背长尺寸，还可以参考国标尺寸，依据不同设计对象的身高确定背长尺寸。背长尺寸的档差为 1cm，因此在实际测量过程中，如果出现大幅度的背长变化，则说明测量是有误差的。

4. 上平线

在进行原型结构制图的过程中，会出现前、后衣片的上平线不在同一水平线上的情况。前、后上平线相较于胸围线的计算公式不同，我们可以代入不同的胸围数值，观察上平线的变化。这种变化源于我们之前介绍的女性胸部隆起、背部凸起的体型特征，这两项体型特征反映到原型上，就会出现前、后上平线上下浮动，产生不同差值的情况。因此，前衣片比后衣片长 0.2～1.5cm 是标准的、合理范围内的数值变化。

　　这个浮动的数值反映出不同的平面结构制图思路和表达形式，也在一定程度上反映出不同的平面结构所代表的不同人体体型特征。如果前衣片上平线长于后衣片 1cm，多表现为女正常体或男挺胸体；如果前衣片上平线长于后衣片超过 3cm，则表现为特殊的女挺胸体，这也意味着胸高尺寸会有较大变化，需要进行衣片平衡处理。

　　在进行服装结构设计时，数值反映普遍的规律，但不是绝对真理。因此，面对设计对象时，需要灵活调整结构数值，只有整体看待数值反映的人体结构变化，才能准确地设计板型结构。需要注意，上平线也反映在腰围线上，在进行标准体制图时，如果板型的前片腰节比后片腰节短，那一般是错误的。如果出现前衣片与后衣片等长，或后衣片长于前衣片的情况，那是实际案例的具体板型调整手段。

　　5. 前胸宽、后背宽及袖窿门

　　前胸宽、后背宽、袖窿门在半胸围框架上是水平排列的。在系列标准号型中，不同的胸围对应的前胸宽和后背宽会有 1～1.2cm 的调整，但前胸宽与后背宽的比例保持不变，后背宽占放松量的 50% 左右，前胸宽占放松量的 30% 左右。袖窿门的尺寸，根据前胸宽与后背宽计算得出。袖窿门的尺寸变化主要表现在面对特殊体型和定向款式时，袖窿曲线的曲度变化。后背宽的常数设定大于前胸宽 1.2cm，因为人体大部分运动是由后向前进行的，肩背部承受的活动量更大。

　　在面对具体的设计对象时，实际测量的前胸宽、后背宽的尺寸通常就是成品尺寸。因此在使用原型时，我们将原型的这两个尺寸调整为成品尺寸就可以了，不需要再进行计算。宽松款式服装的前胸宽和后背宽可依据造型另行计算。

　　确定前胸宽、后背宽尺寸后，下一步工作是确定袖窿门的宽度。在同一单位下（半胸围尺寸内），前胸宽、后背宽及袖窿门会产生联动关系。这种联动关系反映了设计对象胸部的轮廓特征，如身材消瘦的人，其前胸宽和后背宽的差值一般很小，在 2cm 左右；而胸背上围比较丰满的人，尤其是厚背体，其前胸宽和后背宽的差值一般较大，在 4cm 左右。在实际测量过程中，操作者应仔细观察被测者的体型结构特点，如厚背体和驼背体的区别、挺胸体的前宽变化等，在进行原型制图时，应据此对原型进行调整。由此可见，原型的科学性体现在其灵活性和可操控性上。

　　前胸宽、后背宽变窄，是否意味着袖窿门变宽；前胸宽、后背宽变宽，是否意味着袖窿门变窄？在胸围尺寸不变的前提下，前胸宽、后背宽、袖窿门的基本比例关系会遵从上述变化规则。而在实际结构制图时，三者的基本比例关系是随着胸围尺寸的变化而变化的。也就是说，胸围尺寸发生变化，前胸宽、后背宽、袖窿门的基本比例关系也会发生变化，三者出现极端的比例关系，很多是基于服装外轮廓造型塑造的需要。

即使服装类别不同，前胸宽、后背宽、袖窿门的比例关系仍具备相对稳定的审美标准及相适应的活动量。也就是说，在成衣系列中，三者具有相对固定的比例关系，在人体运动时可相互协调。在预设的成衣系列中，前胸宽、后背宽、袖窿门及胸围尺寸，都会根据一定的规律协调变化。例如，大衣的最小加放量设定为 16cm，那么前胸宽、后背宽、袖窿门要依据大衣的板型进行协调加放，确保大衣整体造型特征不变。

第三节　原型样板系统的建立

正确选择原型，是进行结构设计的第一步。设计人员会依据服装种类、商品属性、品牌形象及生产方式等，设计具有不同功能的原型。设计人员可以依据具体的设计对象（定制服装）、生产方式（工业化成衣生产）、服饰类别（夹克、西装等）等对原型进行调整。正确选择原型可使结构设计更贴合设计对象，使成衣尺寸更加准确。

一、生产方式

根据不同的设计对象，我们可以粗略地将生产方式概括为定制服装和工业化成衣生产两种。定制服装就是设计人员针对具体的顾客，或者具有相同使用要求的小团体客户设定的服装生产方式。定制服装设计师会依据客户的实际需要，就款式、面料、用途等细节提供专业建议，制定服装造型计划并完成制作。其中，在结构设计环节，设计人员需要针对具体客户的体型进行数据测量和特征归纳，制作适合客户的专有原型及定制款式的样板。

　　与定制服装不同，工业化成衣生产不是针对具体的客户，而是依据自身产品的定位群体，收集、整理具有代表性的人群的体型数据，进而归纳制作适合投入生产的原型，再依据自身品牌的商品构成，建立产品样板系统，直至投入制作环节，完成最终的成衣生产。

　　建立适应生产模式的原型见图3.5。依据设计部门的设计意图，样板制作前期通常会将立体裁剪和平面裁剪结合运用。立体裁剪可以在可视状态下直观地完成设计造型，并能对生产面料的性能和搭配比例做前期测试。而原型的板型制作是不可省略的步骤，因为进入实际的制作环节，合理规划制作细节有利于完善产品板型系统，保证工业化流程的顺利运转。

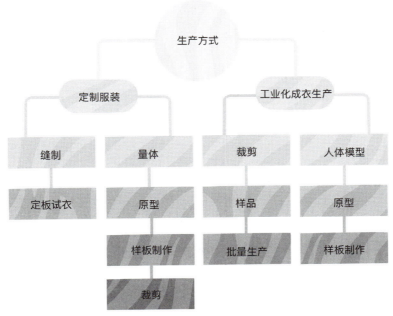

图 3.5　建立适应生产模式的原型

二、样板系统的组成

如前所述，选择合适的原型是服装生产的第一个环节。许多服装公司都需要依据品牌的定位人群，选择合适的工业用人台作为自己公司样板的基础，或者选用国家标准号型的数个单列号型，再根据自己公司的样板进行调整，建立自己的前期样板数据库。之后就是依据基础数据进行公司基础原型的制作，这部分基础原型基本可以分为合体原型、宽松原型、H 型原型等。接下来，就可以根据基础原型制作不同类别的服饰，如合体的西装类、外套类、连衣裙类等。还可以根据服饰类别继续细分，如连衣裙可划分为直筒型、A 字型等。专业化样板系统的建立对服装公司降低生产成本、提升市场反应能力、保证产品品质都有很大的帮助。专业化样板系统的组成见图 3.6。数字化技术正在进入服装生产的每一个环节，建立自己的样板系统成为符合现代服装市场销售要求的基本生产方式。

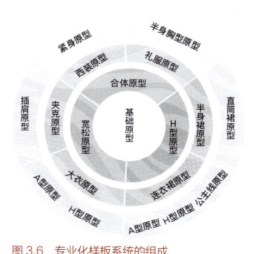

图 3.6　专业化样板系统的组成

【思考与实践】

1. 净尺寸、原型尺寸和成品尺寸的设定。

（1）确定具体设计对象和具体服装款式。

（2）完成对 3 种类型尺寸的分析及设定。

2. 绘制 1 : 1 原型衣片及袖片，参考号型"160/84A"。

第四章
平面制板的造型工艺

【 本章要点 】

1. 胸省的构成原理与操作方法。

2. 褶裥的构成原理与操作方法。

3. 分割的构成原理与操作方法。

【 本章引言 】

本章讲解服装平面制板的基本造型工艺，通过分析典型案例介绍造型工艺的概念、原理及操作方法。本章教学的重点是让学生学会服装平面制板造型工艺的实际操作方法，做到会学、会用，能够举一反三进行造型工艺设计。

第一节 省

一、省的概念

省是服装设计的重要概念，也是服装结构设计的主要表达手段。设计人员将面料披挂在人体上，依据人体的起伏将多余的面料剪掉，使面料更加贴合人体。这个从平面到立体的转化过程，便是省的产生过程。

省的概念较为宽泛，它可以是在服装的廓形上，即在服装的前、后、左、右4个方向上，针对人体纵向外轮廓的起伏，为平衡造型差而去掉的多余量；也可以是对服装局部进行造型塑造的表现形式，如胸省、肩省等；还可以是对服装部件进行刻意表现的造型设计，如袖肘省，袖肘省的功能大多是刻画袖子内凹的收紧结构。不仅如此，在结合面料性能，对脱离人体的大结构或者特殊造型进行塑造时，省依然是主要的工艺表达手段。省的形成见图4.1。

省的表现形式是否多样、灵活可以作为评判结构设计优劣的标准。

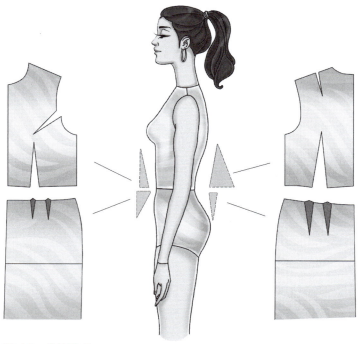

图 4.1 省的形成

　　"剪掉"是我们对省的工艺操作方法的概括。省的种类有很多，包括三角形省（基本省的造型）、菱形省（腰部用省）、弧形省（胸下的省道）、内弧形省（凸肚体腰部用省）、斜向省（特殊结构的塑造）等，依据所在位置有着相对固定的名称，但面对具体设计对象，省的形态各不相同。（图4.2）

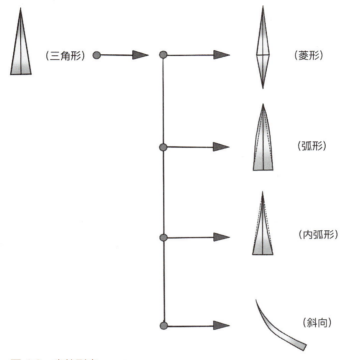

（三角形）　　　　　　　　　　　　　（菱形）

（弧形）

（内弧形）

（斜向）

图4.2　省的形态

　　首先，确定省的位置后需要计算并调整省量。计算主要表现为在两个围度加放了松度后，计算两个围度的差，所得的结果就是总省量。调整多基于对衣片结构的平衡考量和对造型的塑造需求。例如，对省量进行分散处理是因为集中处理省量会导致衣片变形；又如，面对以褶裥形式处理的领省时，要先确定基本合体省量和装饰省量的和，以及褶裥是规范褶裥还是碎褶裥，再依据领口的大小将褶裥设置到合适的位置，这是对装饰性省的分配关系的调整。

　　其次，要确定省的造型。这里暂不探讨装饰性省道的变化，因为其主要随款式变化。在处理具体设计对象的基本省道时，要参考设计对象的体型特征。对于同样身高的人，如果是凸腹体型，就要缩短省道的长度，并且要减少省量；如果腰臀差大，就要用弧线处理菱形省道的下半部；如果下胸围较大，就应将腰省处理成弧度较大的圆省。

最后，我们可以采用反向思维理解"剪掉"这一省的工艺操作方法，因为我们不仅可以通过"剪掉"省去除人体与面料之间的空隙，还可以将弧形、菱形等省的造型插入面料或嵌入结构中，实现对结构的扩容。比如，连肩袖腋下处存在切角，切角的三角形布使服装在腋下处形成了菱形空间，增加了腋下的活动量；在装饰类褶裥中插入面料，能形成可拉伸的活动空间。这些都在一定程度上改变了服装的活动量，同时助力了服装特殊结构造型的完成。综上所述，省不仅有装饰性，而且承担着服装活动量补足的工作，活动量补足是省的拓展性用法。在今天的设计中，省的拓展性使用更为普遍。

二、胸省

胸省是围绕胸高点（BP），并将胸高点作为确定省尖的参考位置，根据实际的胸围尺寸和服装类型确定省量，配合款式变化，共同解决胸部凸出造型的省。本小节将胸省作为单独的结构进行讲解，因为胸省是女装结构设计需要面对和解决的主要问题。胸省自身的结构及其与其他部位的联动关系，决定了它是比较重要的工艺结构。胸省的命名通常依据其所在的衣片位置。设计人员通常会使用两个及以上不同位置的胸省完成造型任务。胸省的分类见图 4.3。

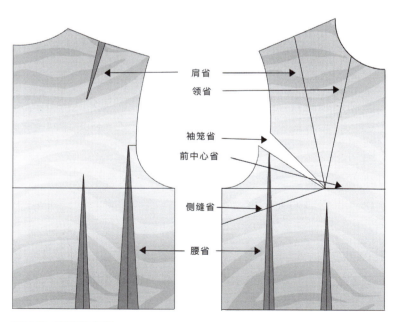

图 4.3　胸省的分类

由于胸部造型不是一个规则的正圆造型，因此其在不同方向的表面形状也不尽相同。胸省的原理见图4.4。我们设想一个以胸高点为中心的与身体水平的平面，这时胸部的不规则隆起与以胸高点为中心的水平面形成了空隙，这个空隙可以用不同方向下产生的不同角度来表示。这个角度越大，省尖距离胸高点就越近；反之，则越远。如果省尖一直收至胸高点，省尖与胸高点之间就会形成空隙；如果省尖穿过了水平面，则不符合实际的角度和胸部造型。我们做的胸省在距离胸高点2~5cm处会形成不同的省尖。例如，袖窿省通常距离胸高点2~3cm，侧缝省通常距离胸高点4~5cm。同时，我们从衣片的不同位置做省，由于衣片的不同位置与胸高点间的距离不同，我们能看到不同长度的胸省。

图 4.4　胸省的原理

1. 胸围尺寸与胸部造型

我们实测胸围尺寸是用皮尺过胸高点水平围量被测者胸部一周。因此，通常情况下，胸部高的女性，所测胸围尺寸会大；反之，所测胸围尺寸会小。然而，胸围尺寸大的女性却未必胸部高，例如，某些女性属于肥胖体型，她们的胸围尺寸大不是因为胸部高，而是因为后背及腋下侧面的脂肪丰富。另外，有时测量的胸围尺寸不是很大，但是可以观察到，被测者胸部造型挺拔，两个胸高点之间距离短，后背扁平，后幅宽度较窄，属于女挺胸体。通过测量和观察，可以得出结论，即使两个人的胸围尺寸相同，他们的胸高尺寸、胸距尺寸也很有可能是不同的。因此，胸围尺寸和胸部造型特征之间不存在线性关系，在实际操作中，还要根据被测者的体型特点，结合被测者不同身体部位之间的数值比来确定最终的结构设计。

2. 胸省省量

原型的胸省省量是通过公式"B/4+2.5"计算得出具体的数值。可以看出，这个公式先是以净胸围实际比例分配的方式推算出基本省量，然后在后面加上常数 2.5 进行调节，这里的常数是固定的。计算的结果以角度的形式进行呈现。

在合体的状态下，确定单一的胸省省量是满足胸部造型的基本设置，但是对衣片立体曲面的控制、对衣片的平衡，通常会通过两个省来完成。毕竟，结构设计的任务不是单纯地处理胸部造型，而是处理服装的整体造型。在确定服装款式之后，应依据服装款式的结构特征，分析胸省的构成数量和种类，设定胸省不同位置的省量。这时的胸省省量是以数值的形式进行转移分配的。分配胸省省量时，应兼顾胸省的数量、尺寸、表达形式等，这是服装结构设计中重要的表达手段。

3. 放松量与胸省省量

放松量包括基本的呼吸量，还包括依据款式设定的造型量。例如，衬衫原型会基于衬衫的造型设定基本的放松量。流行趋势在不断变化，如现在流行的宽松型衬衫的放松量一般设定在 20～30cm。

胸省省量的计算是以净胸围为基准的基本省量的计算。因此，面对增加了放松量的成品胸围尺寸，首先要基本划分进行结构设计的款式是合体型还是宽松型。而且，这里的"合体"和"宽松"还应该考虑服装的种类和所使用面料的物理性能，使放松量的设定更符合实际、更加准确。例如，无弹面料合体造型的小礼服的胸围放松量一般在 3～4cm，这部分放松量属于基本的呼吸量。这时，胸省省量应该随着胸围放松量的加大而加大。需要注意，在面对宽松款式时，胸围放松量的加大已经不属于对胸部造型的塑造，只是单纯地就服装的造型进行的调整。

第二节　省的操作方法

一、旋转定位法

制作原型前衣片的胸省，是以 BP 为圆心进行旋转，并且将胸省省量转移到指定的位置，这是基本的结构变化操作方法。使用这种方法，首先要对服装款式进行结构分析，确定褶裥等相关工艺结构的位置，并且做好旋转前的标记。接下来，按住 BP 将指定的省量转移到款式需要的位置，省量可以全部转移，也可以按比例部分转移。在操作过程中，某些变化较少的结构线或者位置点可以作为结构转化的参考标准，如垂直的前中心线，腰围线、胸围线与前中心线的交点等。另外，在操作过程中，准确的标记结构是至关重要的，这要求设计人员仔细对照原型的原始外轮廓线，找出变化后的部分并进行绘制。

在实际操作中，也可以其他位置点为圆心进行旋转，如以前颈点为圆心，旋转出腹部的放松量，多用于腆腹体型的修正。

接下来，以前肩省（图 4.5）的原型绘制为例进行讲解。

【前肩省】

图 4.5　前肩省

该案例所展示的半身女装的腰部是合体状态，但是没有省等工艺结构的设定。胸部也是合体状态，前衣片只在肩部有一个指向 BP 的省位。因此，该款式需要在小肩的中心位置开省，将胸省和腰省全部转移到小肩的开省位置。具体操作过程如下。

（1）闭合侧腰省。首先，以侧腰省省尖 A 点为旋转中心，按住该点。然后，将侧腰省左侧省线标记点 a 点转移到侧腰省左侧省线标记点 a′ 点。此时，袖窿省省量会有 0.3cm 左右的扩大，从扩大的袖窿省位置点逆时针绘制到 a′ 点。闭合侧腰省后，原型外轮廓会发生变化。（图 4.6 步骤一）

（2）闭合腰省。在这一步，设定袖窿省的省尖为 B 点。将腰省左侧省线标记点 b 点转移到腰省左侧省线标记点 b′ 点。将腰省省量全部转移到袖窿省内，再次扩大袖窿省，这时的袖窿省省量是胸省省量和腰省省量之和。（图 4.6 步骤二）此时腰围线向下弯曲，发生大幅度的变化，腰省位置到前中心线仍是水平状态，腰省位置到侧缝处则发生了倾斜，需要用弯尺进行圆顺处理。可以看到，从腰省位置点 b 点逆时针旋转到 b′ 点，原型的外轮廓没有发生变化。（图 4.6 步骤三）然后，取小肩的中点，设定为 c 点，作其到袖窿省省尖 B 点的连线，确定肩省的位置，这个位置不是固定的，需要依据款式进行变化。（图 4.6 步骤三）

（3）闭合袖窿省。按住袖窿省省尖，将袖窿省上部省线标记点 c 点转移到袖窿省下部省线标记点 c′ 点，闭合袖窿省。这时，将小肩肩省位置点 c 点旋转到新的位置点 d 点，闭合的袖窿省省量将全部旋转到该肩省处，确定了肩省的省量。同时，需绘制从 d 点到袖窿省的外轮廓线。从 BP 沿肩省中线向上量取 5cm 确定一点，从该点分别连接肩省的两个位置点，即 c 点和 d 点，即完成肩省的绘制。（图 4.6 步骤四）

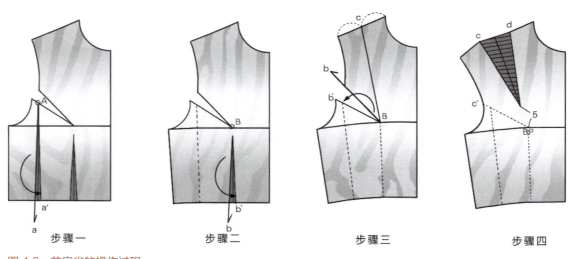

步骤一　　　　　　　步骤二　　　　　　　步骤三　　　　　　　步骤四

图 4.6　前肩省的操作过程

二、剪开法

剪开法是对旋转定位法的延伸，就是将需要展开的位置剪开，剪到需要闭合的省的省尖前段，闭合省后，将该省的省量反向在剪开处展开，并据此重新修订样板。对于样板的修订，基本要求是保证展开位置的省的两侧等长，且在对合后缝合平顺。对于造型的变化，如对碎褶裥的处理，不仅要保证横向的展开量，还要增加纵向的造型量。剪开的部分需要配合剪开的位置点进一步旋转，展开样板，加大褶裥部位的量，塑造造型的体积感。我们通常将原型的外轮廓处理成弧线状。

1. 前中心省

将前衣片的所有省量，以旋转定位法或剪开法处理到前中心省（图 4.7），完成前中心省的绘制。具体操作过程如下。

【前中心省】

图 4.7　前中心省

（1）以腰省省尖点 A 点为圆心，将腰省省线标记点 a 点转移到 a′ 点，闭合腰省。此时，袖窿省会有 0.3cm 左右的扩大。同时，从扩大的袖窿省位置点逆时针绘制到 a′ 点。（图 4.8 步骤一）

（2）以腰省省尖点 A 点为圆心，将袖窿省省线标记点 a 点转移到 a′ 点，闭合袖窿省，将省量转移到腰省。（图 4.8 步骤二）同时绘制闭合后的袖窿省到腰省的红色外轮廓线，记录变化后的样板部分。（图 4.8 步骤三）从前中心线与胸围线相交的 b 点剪开至 BP，然后按住 BP，旋转闭合腰省，并且标注 b 点旋转后的位置点 b′ 点，同时绘制 b′ 点至闭合腰省的位置点 a′ 点的红色外轮廓线。（图 4.8 步骤四）

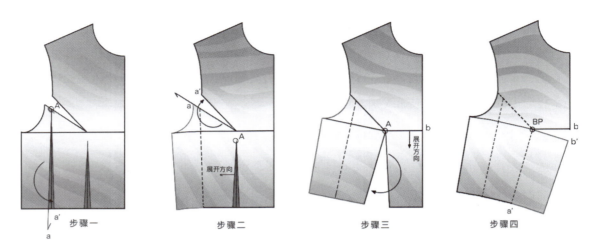

步骤一　　　　　　步骤二　　　　　　步骤三　　　　　　步骤四

图 4.8　前中心省的操作过程

2. 两个领省与腰省

两个领省与腰省见图 4.9。将胸省闭合后转移到领口部位，并将胸省省量分配至两个领省，同时使腰部合体，保留一个腰省。具体操作过程如下。

（1）以腰省省尖点 A 点为圆心，将腰省省线标记点 a 点转移到 a′ 点，闭合腰省。此时，袖窿省会有 0.3cm 左右的扩大。从扩大的袖窿省位置点逆时针绘制到 a′ 点，红色标记的部分是原型外轮廓改变的部分，其他位置不变。（图 4.10 步骤一）

【两个领省与腰省】

图 4.9　两个领省与腰省

（2）先将前领口平均分成三等分，并分别绘制两条斜线，一条斜线连接领口 1/3 处到胸省省尖，另一条斜线连接领口 2/3 处到省线的 1/2 处。这一步用于确定领口省线的位置。然后沿领口省线剪开，至胸省线和 BP，剪开时需要保留 0.2cm 左右的余量，不要剪断。同时，在领口平均分配展开的省量，在新的样板纸上绘制展开图。（图 4.10 步骤二）

（3）按设计绘制完成领省。首先要将袖窿省闭合，并将省量转移到领部或者其他部位，转移后的省的数量、位置、长度都是根据款式决定的。在做省的方向线的时候，应首先考虑连接到闭合省道的省尖部位，然后依次分配其他连线。（图 4.10 步骤三）

（4）在完成操作后，注意新省的两侧要等长。若长度不相等，通常采用"削高补低"的方式进行板型修正，这种平均处理板型误差的方式可使板型结构相对平衡。图 4.10 步骤四所示为"削高补低"的操作方法。

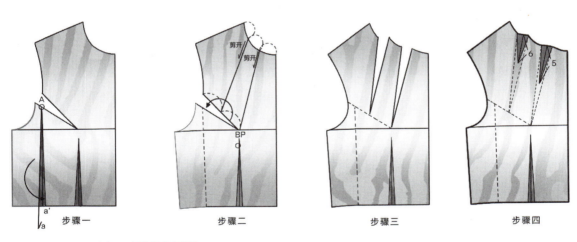

图 4.10　两个领省与腰省的操作过程

3. 斜向省道

斜向省道见图 4.11。具体操作过程如下。

（1）前左片合并腰部两个省道和袖窿省的省量，将省量转移到肩部做肩省；前右片合并腰部腰省到袖窿省的省量，再将袖窿省合并，将省量转移到 BP 下的腰省。（图 4.12 步骤一）

（2）将前左片和前右片沿着前中心线对合。首先，依据款式图在前右片沿袖窿向下量取 6cm，确定一点。使用弯尺，圆顺该点至前左片肩省省尖位置，完成上部分割线，即图 4.12 步骤二中靠上的红色标记部分。其次，在前左片腰围线与侧缝线交点向腰部位置量取 4.5cm，确定一点，并使用弯尺从该点向前右片腰省的省尖做圆顺处理，确定下部分割线，即图 4.12 步骤二中靠下的红色标记部分。该步骤所涉及的数值为参考数值，设计人员可依据实际情况作适当调整。

（3）分别剪开两条分割线，并闭合相对应的肩省和腰省，将省量转移到分割线处，形成上、下两个省道。排料时，应注意纱向的位置。（图 4.12 步骤三）

【斜向省道】

图 4.11　斜向省道

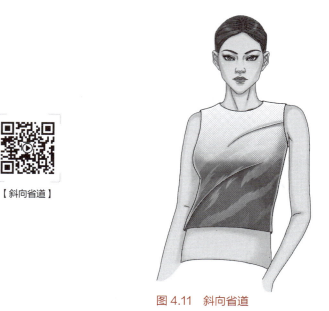

图 4.12　斜向省道的操作过程

第三节　褶裥

一、褶裥的视觉形态

褶裥是有着悠久历史的传统服装工艺手段，中西方服装史中都有关于它的记载。褶裥大致可分为规则褶裥和不规则褶裥两种形式。我们平时看到的工字形褶裥即明褶裥和暗褶裥，以及倒向左右两侧的 Z 字形褶裥都属于规则褶裥。碎褶裥属于不规则褶裥，它的表达形式不固定，会因为加放量及抽褶量等的改变而呈现不同的视觉形态。

褶裥体现了人们对纺织面料的感性认识和理解，是从个人审美的角度对纺织面料形态进行的再创造。因此我们可以看到，褶裥的装饰性在视觉形态表现上尤为突出。规则褶裥的装饰性，表达了人们对秩序感和线条感的审美认同。规则褶裥的工艺表达为缉线褶裥和开口褶裥。缉线褶裥通常会在起始部分做 4～6cm 的缝合，要求缉线部分的线条笔直，下面放开。开口褶裥则只固定褶裥顶端的褶量，下面使用工艺定型后便完全自然放开，这种褶裥上部一般接合体结构，如裙腰、过肩等。

碎褶裥主要起装饰功能。例如，设计人员在设计休闲类服饰时通常会使用碎褶裥来营造浪漫、舒适、自然的感觉。又如，童装上的碎褶裥能让人感受到孩子的天真、可爱，且对合体要求不高，对孩子的身体束缚较少，使孩子活动自如。

二、褶裥的工艺表现

童装上碎褶裥的形态在一定程度上说明了褶裥在适体性上多表现为半合体，基本不承担对体型的塑造功能。我们之前提到的百褶裙，它的缝制长度是合体的，而开放的部分采用热定型工艺制作，人体在活动后，褶裥会自然打开，属于半合体的形式。在进行褶裥设计时，通常会在合体胸省省量的基础上加上部分装饰松量。在实际操作中，我们会预设褶裥的定位点，使用省道转移至指定位置以增加松量，或者依据款式采取平移的方式，增加指定部位的松量。

首先，褶裥的量可以是合体省道的转移量，但是褶裥在工艺表达上是部分缝制，会有部分省量释放到衣片中。其次，合体的量及加放的装饰松量都要求依据面料的经纬特性，采取聚拢收缩的方式，在数量、方向、长短等维度进行处理，以形成完整的工艺表达。最后，在结构设计中，如果要使褶裥达到合体状态，就要将褶裥全部缝合。在完成结构设计后，可将预留的褶裥量全部收掉，这时的合体造型不是褶裥完成的，因为褶裥只起到装饰作用。装饰性褶裥的加放量很小，通常为1～1.5cm。

1. 省分割加入碎褶裥

省分割加入碎褶裥见图4.13。具体操作过程见图4.14。

【省分割加入碎褶裥】

图4.13　省分割加入碎褶裥

（1）确定分割线和辅助线。由于图4.13所示的服装款式是不对称的，因此首先将前衣片左右拼合，从侧颈点沿小肩斜线量取1.5cm，确定新的侧颈点，然后从前颈点向下量取9.5cm，确定前领口下挖的深度，再画顺领口线。同时，延长前右片领口线，连接画顺到前右片的BP，完成第一条分割线。其次，依据款式，从前右片肩端点连线到胸围线与前中心线的交点，完成第二条分割线。最后，从前右片BP作辅助线连接到第二条分割线，设定交点为a点。（图4.14步骤一）

（2）转省。去除领口多余的部分，分别合并两侧的袖窿省。这一操作不但能转移省量，还能使分割部分展开。（图4.14步骤二）

（3）设计人员可以依据褶裥的流动方向，自由地设置加入褶裥的展开辅助线。例如，前左片是从肩部的三等分处连接到分割线，同时也从袖窿处作辅助线到分割线，确保成衣后褶裥能延伸到此。前右片也是在等分处设置辅助线，利于后期褶裥量的均匀加放。因此，展开辅助线的方向是这一操作步骤的关键依据。（图4.14 步骤三）

（4）展开辅助线，加入适当的褶裥量。左侧展开辅助线加入4cm，右侧展开辅助线加入3cm。加入的褶裥量取决于收缩定型后的部分的款式要求。依据款式，应在收缩的位置部分将前左片分割线剪口到BP设定为12cm，将前右片分割线收缩后两个剪口之间的距离设定为10cm。因此，左侧展开量应设定为24cm，右侧展开量应设定为20cm，分别是收缩定型部分加放量的两倍。（图4.14 步骤四）

（5）画顺展开的轮廓线，做好剪口的对位记号。（图4.14 步骤五）

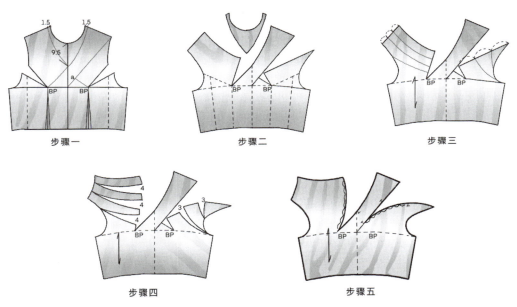

图4.14 省分割加入碎褶裥的操作过程

2. V领口前中碎褶

V领口前中碎褶见图4.15。具体操作过程见图4.16。

（1）确定展开线和领口造型。首先，从侧颈点向内量取0.5cm，确定一点。再沿前中心线量取12cm，确定前领深点a点，连接画顺前领口。其次，从前领深点a点连接画顺到BP，依据款式，该造型线为曲线。同时，依次合并侧腰省、袖窿省，将前衣片合体省量集中于前腰省。最后，在小肩斜线四等分处绘制3条展开辅助线。（图4.16 步骤一）

（2）展开加放量。从 a 点剪至 BP，再分别剪开展开辅助线，在新的样板纸上，绘制展开的造型，并且分别在展开处加入 3cm 的加放量。然后，圆顺加放后的造型，标注缩缝的褶线。之前，a 点至 BP 的长度为 11cm，加入 9cm 的加放量后，a 点至 BP 的长度变成了 20cm，约为原本长度的 2 倍，9cm 的加放量就是对合缝制后碎褶裥的量。（图 4.16 步骤二）

（3）标注纱向，前中心线下部为连裁部分，使用一点划线绘制。（图 4.16 步骤三）

【Ｖ领口前中碎褶】

图 4.15　Ｖ领口前中碎褶

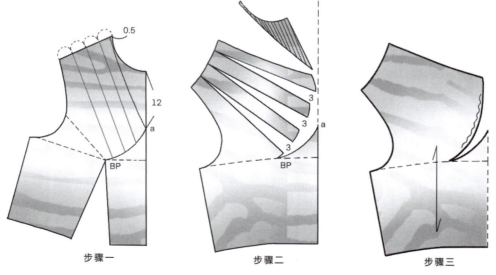

步骤一　　　　　　　　步骤二　　　　　　　　步骤三

图 4.16　Ｖ领口前中碎褶的操作过程

3. 前左领褶裥

前左领褶裥见图 4.17。具体操作过程见图 4.18。

（1）闭合腰部的两个省，将省量转移到袖窿省，完成腰部合体设计。（图 4.18 步骤一）

（2）反转绘制前右片的前领口线（红色标记部分），并且延长领口线至 24cm，平均分配作出 4 个 6cm 的褶裥，并加宽该褶裥的宽度至 8.5cm。同时，从前中心线向上量取 7.5cm，然后用弧线画顺前衣片外口线。（图 4.18 步骤二）

（3）从领口剪口处开始缝制，缝制到底摆与前中心线剪口处，完成前衣片的褶裥设计。（图 4.18 步骤三）

【前左领褶裥】

图 4.17　前左领褶裥

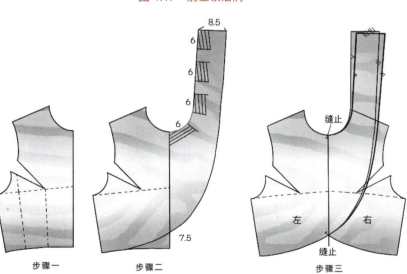

图 4.18　前左领褶裥的操作过程

4. 前领镂空褶裥

前领镂空褶裥（图 4.19）的设计重点在领部，主要表现为领口不对称、领口下有镂空。围绕镂空部分有左右不对称的褶裥，产生扭曲的视觉效果，领口右侧也设有两个斜向的不规则褶裥。前领镂空褶裥整体为合体造型。具体操作过程见图 4.20。

【前领镂空褶裥】

图 4.19　前领镂空褶裥

（1）首先依据款式，闭合前衣片部分省道，将闭合省量转移到袖窿省。因为是左右不对称的款式，所以应复制步骤一中转移了省道的前衣片，并将两个前衣片沿前中心线对合，使之形成一个完整的前衣片。接下来，分别确定领部造型、斜向分割和镂空的位置。设计人员可以依据款式并结合人台先确定位置，然后在平面结构上就相关位置确定对应的尺寸，尺寸及相关位置都要依据个人对款式的理解进行调整。另外，这部分操作还有一个主要任务，就是对衣片结构进行划分。操作时需要考虑划分方式对褶裥的表现是否合理。同时，应兼顾款式的合体效果，即衣片之间的关系应根据胸高确定。（图 4.20 步骤一、步骤二）

（2）从图 4.20 步骤三中可以看到，衣片被划分为不同的部分。从图 4.20 步骤四中可以看到，划分的不同部分被重新组合，并消掉相关省量。然后，设计人员需依据褶裥的位置、大小将重组的衣片再次剪开，放出褶裥的量。设计人员应注意加放后的褶裥，在后期闭合时和其他结构对合位置的设定，以及加放后对结构边缘的造型处理。图 4.20 步骤四至步骤七展示了将对合不等长处进行"削高补低"的均匀处理的操作方法。

（3）准确标注衣片结构的纱向，标注褶裥的位置，圆顺结构边缘，完成结构分析。

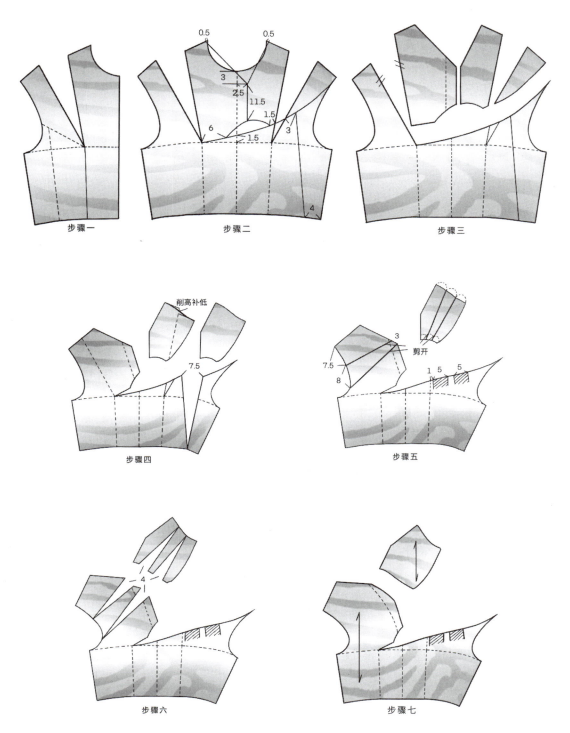

图 4.20 前领镂空褶裥的操作过程

第四节　分割

一、分割的必要条件

分割是服装结构设计的常用工艺手段，大体上可以分为合体型分割和装饰型分割两种。合体型分割是设计人员依据人体体型特点，在服装上按照人体的起伏趋势，结合必要的合体省道，进行的单条或多条的纵向分割（多条的横向分割也可以做到合体，只是使用的频率较低。横向分割在视觉上对人体的修饰作用没有纵向分割大）。成衣后的分割以曲线的形式呈现，视觉上增强了服装表面的线条感，更重要的是合体型分割增强了人体的廓形美。套装类的刀背分割、圆分割，连衣裙类的公主线处理等都是常见的合体型分割。

1. 合体型分割

"合体"意味着衣片和人体的契合度很高，也意味着设计人员在设定分割线型时要将保证形体造型的胸省、腰省包含进去。例如，设计人员会作胸省在袖窿位置到腰省的圆顺分割，或者作肩省到腰省的斜线直分割。分割线的设定在视觉上应符合人体自然的形体转折，并且对人体有修饰作用。分割线不仅要连接胸部和腰部的省道，还要在中部参考胸高点的位置进行造型上的修正，确保分割线在缝合后兼具美观性和合体性。

另外，在绘制分割线时，需要注意分割线与胸高点之间的关系。在绘制过程中，有部分分割线是通过胸高点的。通过胸高点的分割线，很好地完成了省的功能，可以使衣片与人体更加贴合，完成合体造型的塑造。

此外，还有部分分割线在胸高点附近，一般在距离胸高点 1～2cm 处绘制。因此，在利用分割线处理胸省省量时，会有部分省量无法去除，在对合分割线划分的两个衣片时，含有未处理省量的分割线更长，两条分割线一般会有 0.5～1cm 的差量。在缝制时，通常采用缩缝工艺处理分割线的差量。另外，若分割线距离胸高点超过 2cm，需要对合的两条分割线之间的差量会更大，只采用缩缝工艺无法完全去除差量，可以在进行样板设计时，将剩余的胸省省量在胸高点所在的衣片内以省的形式绘制出来。在缝制时，可以先缝制这个省，再缝制两条分割线，完成两个衣片的对合。

2. 装饰型分割

装饰型分割一般从平面角度出发设定分割线，先利用分割线将服装分成不同的部分，再利用面料色彩的对比或其他工艺装饰手段对服装的内轮廓进行设计，对服装进行平面装饰。这种装饰型分割多用于宽松的款式，并且很多款式的分割方式已经成为该款式的标志性分割方式。例如，休闲衬衫背部的分割就是要在制板阶段，将背部上端及前小肩的一部分衣片连裁，使之形成完整的衣片，这一分割方式已成为休闲衬衫肩部的标准处理方式，也被称为过肩。

二、分割具体案例

1. 直分割

直分割见图 4.21，具体操作过程见图 4.22。

【直分割】

图 4.21　直分割

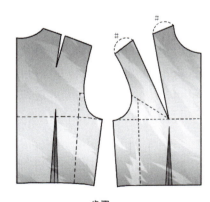

步骤一

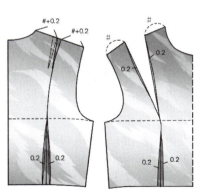

步骤二

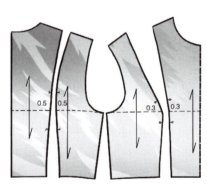

步骤三

图 4.22　直分割的操作过程

（1）直分割是常见的分割方式，前、后衣片从肩部纵向分割至腰部，形成合体的款式。先合并后衣片侧腰省，保留肩省和中部腰省；再合并侧腰省和袖窿省，并且将袖窿省转移到小肩中部二分之一位置，形成肩省。（图 4.22 步骤一）

（2）在后衣片小肩侧颈点和肩端点分别向内量取前小肩的一半加上 0.2cm，确定肩部的分割位置。这个长于前肩共 0.4cm 的量是小肩吃势，基于后肩背结构形成。接下来，用弯尺画顺到后腰省，同时在腰省适当位置外扩 0.2cm，这是对腰部造型的塑造。对于直分割平面曲线的绘制，通常要考虑实际设计对象的围度和高度的比，也要考虑实际设计对象胸部和腰部在围度上的协调，还要考虑款式自身的造型设定。因此，对直分割曲线的设定，可依据实际情况作适当调整，并保证其整体上圆顺。前衣片操作基本相同，0.2cm 的设定是出于圆顺造型的需要，这个数值可以根据实际情况作适当调整。（图 4.22 步骤二）

（3）后衣片以胸围线与分割线的交点为原点，向上、下各量取 5cm，作为左右两片缝合时的对位点。前衣片也是以胸围线与分割线的交点为原点，分别向上、下各量取 3cm，作为左右两片缝合时的对位点。（图 4.22 步骤三）

2. 圆分割与曲线分割

圆分割与曲线分割见图 4.23，具体操作过程见图 4.24。

【圆分割与曲线分割】

图 4.23　圆分割与曲线分割

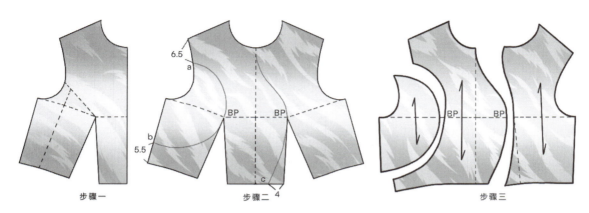

步骤一　　　　　　　　步骤二　　　　　　　　　　步骤三

图 4.24　圆分割与曲线分割的操作过程

（1）依据款式，将前衣片的侧腰省合并，转移到袖窿省，然后合并袖窿省，将省量转移到前腰省。（图 4.24 步骤一）

（2）以前中心线为轴，反转绘制前右片。首先，从前左片肩端点起，沿袖窿量取 6.5cm，确定一点 a 点。然后，从侧缝线与腰围线的交点向上量取 5.5cm，确定一点 b 点。圆顺 a 点、BP、b 点，完成圆分割操作。最后，在前右片腰省左侧省线和腰围线的交点向左量取 4cm，设定为 c 点。过 c 点、右片 BP、前颈点圆顺右片曲线分割线。（图 4.24 步骤二）

（3）分别按住两个 BP，转移腰省到分割线处。转移过程中，注意保持胸围线的水平，以及分割处省量的均衡。注意标注衣片结构的纱向，完成结构设计。（图 4.24 步骤三）

3. 交叉分割

交叉分割见图 4.25，具体操作过程见图 4.26。

（1）交叉分割属于紧身合体型，在服装领部有交叉的斜向分割。虽然分割不对称，但是两条分割线的顶端都指向 BP。首先将腰省依次闭合，并将腰省省量转移到袖窿省。同时作分割线，沿前颈点量取 3cm，向 BP 作连线。然后合并袖窿省，将全部省量转移到分割线处。这是领省的转移操作。（图 4.26 步骤一）

（2）复制另外一边的前衣片，对合前中心线。沿左片的领省省线从领口部分分别向下量取 3cm，确定一点。在右片领省的左侧省线也相应量取 3cm，确定一点。同时，将左、右领省距离中间的部分，按款式作曲线连接并剪下来。（图 4.26 步骤二）

（3）将剪下来的部分和左片领省省线按对位点对合，形成完整的衣片。同时，在距离 BP 4cm 处，分别重新绘制左、右两侧的领省。（图 4.26 步骤三）

图 4.25 交叉分割

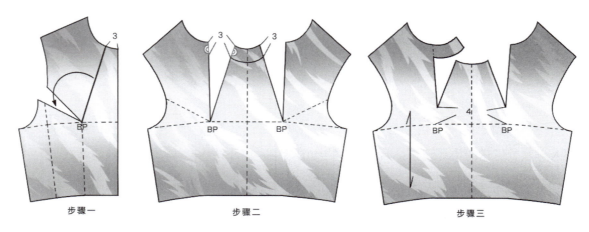

步骤一　　　　　　　　　步骤二　　　　　　　　　步骤三

图 4.26　交叉分割的操作过程

4. 装饰型分割

装饰型分割见图 4.27，具体操作过程见图 4.28。

（1）装饰型分割是通过分割形成心形装饰，整体为合体造型。首先将袖窿省、侧腰省转移至前腰省。同时，从前颈点向下量取 10cm，确定一点；从前腰节点沿前中心线向上量取 9cm，再确定一点。这两点和 BP 共同确定了心形的绘制范围。心形的绘制范围依据个人

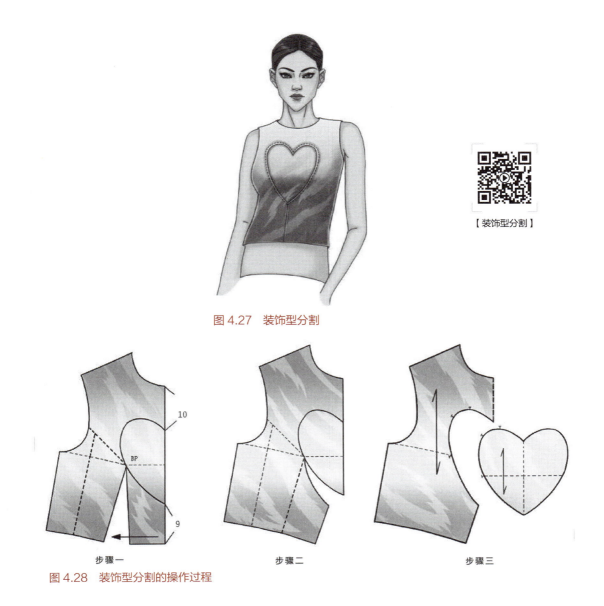

图 4.27 装饰型分割

图 4.28 装饰型分割的操作过程

审美标准设计确定，但 BP 是绘制心形必须经过的点。（图 4.28 步骤一、步骤二）

（2）闭合腰省，使心形和衣片形成前中心省。沿分割线取下心形，沿前中心线复制完整心形。大衣片前中心线上部为连折线。（图 4.28 步骤三）

【思考与实践】

复习服装平面制板造型工艺的基础知识，分析典型案例的构成特点。

要求：参考本章讲解的造型工艺进行案例设计，并自行完成平面结构设计分解。

第五章
领子

【本章要点】

1. 领子的基本结构及其表现形式。
2. 不同类型的领子的制图方式及制图原理。

【本章引言】

本章的学习重点是领子的基本结构及其表现形式，要求学生通过分析有针对性的案例，了解领子与衣片的关系、领子与人体的关系及领子自身结构协调等内容，总结不同案例中领子结构的差异，并探究导致这些差异的根本原因。学生应仔细分析案例，并且在此基础上进行独立再设计，给出解决问题的方案。

第一节　领子的基本结构

人体颈部位于两肩之间，近似于下粗上细的圆台状，颈部向前倾斜大约 30°，颈底部与身体的交界线比较模糊，由圆弧曲线连接成倾斜的圆形。这一倾斜角度致使构成圆的结构点处于立体空间中的不同位置。衣片领部的结构点，在人体上均有对应的位置，颈椎点在最高位，往下是左、右两个侧颈点，而前颈点处在相对较低的位置。

以原型领口为例，依据实际结构，其后领围线上的侧颈点和颈椎点之间弧度较小。制图时，一般过后横开领的二分之一后，领围线就是直线了。前领围线弧度较大，在胸锁乳突肌附近达到最大。制图时，在原型的前、后侧颈点重合后，应确保前、后领围线光滑圆顺。同时，在前面接近前颈点的部位，单侧的部位应与前领口辅助线保持 1cm 左右的间距。原型本身设定的领口是合体衬衫的基本领口，它的给定数值相对准确，结构造型较稳定。

领子的划分依据很多，我们能看到很多不同名称的领子，有的依据造型特点划分，有的依据服饰发展的历史阶段划分，有的依据文化背景划分，等等。虽然领子划分依据复杂，但是从名称中不难看出，领子大多还是基于其造型特点进行划分。领子的制图特点多体现在它作为服装部件和服装本身的一种关联的视角上，因此应从这一视角来看待领子的结构设计。

第二节　无领结构

由于颈底部与身体的交界线比较模糊，因此我们设定了参考点和以相对准确的制图比例获得的曲线造型作为领子制图的基本参照。依据结构，我们围绕脖颈进行的领子设计可粗略地分为围绕脖颈的合体领型和部分围绕脖颈的半合体领型，以及无领结构。

无领结构指脖颈周围的领部结构由衣片前领口线和后领口线的线型造型共同完成，没有另外装配其他领子部件。也就是说，无领结构是利用领口弧线进行装饰的领型。

我们熟知的 V 领、方领、圆领及其他在此基础上进行线型变化的领型，都属于无领结构。不难看出，无领结构多为装饰性结构。在实际操作过程中，可以根据横向拉开横开领的距离来设计结构。例如，设计人员会依据实际制板情况调整一字领侧颈点的位置，从而调整一字领曲线的形状和大小，调整的极限是形成坦领。

降低或拉高前颈点也是常见的设计手法。设计人员可通过改变参考点的位置，塑造两点之间的曲线造型，对人体的脖颈和脸型进行修饰。

制图过程中，在前、后中心线不断开的前提下，应注意无领结构领围的最小尺寸不能低于头围尺寸。如果领围尺寸低于头围尺寸，可配合使用弹力面料。领口线的长度一般不低于60cm，否则会导致穿脱困难。

制板原型的领围线尺寸是依据胸围尺寸按比例推算得出的。前领深尺寸大于前横开领1cm，距离前颈点1cm，这是合体衬衫关门领的领围线的造型需求，用以增加服装在人体脖颈处的松度，增强穿衣舒适性。这一设计也使领围的切面和脖颈的角度更加贴合。单侧后横开领尺寸大于前横开领0.7cm，这在闭合的关门领原型制图中，是对处在三维状态下的领圈的牵制。

例如，圆领T恤前衣片中心左右连裁，没有开剪，其前领口平整、服帖，不能使用撇胸等工艺手段。通常情况下，制图时会刻意加大后横开领的宽度，使后横开领的宽度大于前横开领的宽度，形成前后差，这个差随款式而定。领口越宽，差越大。一般在计算前、后横开领的宽度时，就将差计算在内，差一般在0.5cm左右。缝合衣片后，后领口会在侧颈点对前领口有一个力的牵制，使前领弧线在视觉上更加贴合、平服。

原型的领围采用合体衬衫的领围设计，它的围度和弧度都和相对应的人台脖颈根部的造型有所区别。这也说明，我们在进行领围结构制图时，既要结合款式，又要考虑设计对象的实际领围变化。例如，在进行合体领围设计时，胸围和实际脖颈根部尺寸存在线性关系，然而根据实际的胸围推算的领围尺寸往往过大，即使领围尺寸合适，也要作不规则制图处理。

1. V领

（1）V领（图5.1）这个款式首先要处理后片肩省，将肩省1/3的省量转移到后领口，再将剩余的省量转移到袖窿，作为袖窿松量。后片肩部应作无省设计。

（2）V领制图见图5.2，在制图时要考虑款式及前颈点的下落点。为避免给穿着者带来不便，通常将前颈点的下落点控制在胸围线上。在保持V形结构的前提下，可适当移动侧颈点。出于胸部结构造型的需要，通常将侧颈点与前颈点之间的连线处理成弧线，这样可以防止领口起空。

图 5.1　V 领

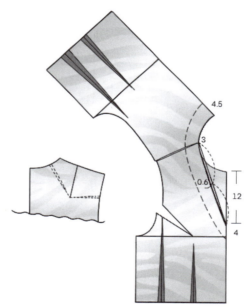

图 5.2　V 领制图

2. 方领

（1）方领（图 5.3）是一种复古、典雅的领口造型。

（2）方领制图见图 5.4。方领结构设计的重点在于领深的直线设计及纵向线和领深直线的硬接角设计。设计人员可以通过调整接角位置及角度，并搭配使用有弧度的线型及辅料，设计各种方领造型。

图 5.3　方领

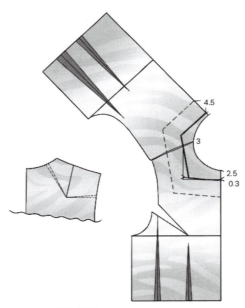

图 5.4　方领制图

3. 圆领

　　圆领（图 5.5）是无领结构的典型代表，它的使用非常普遍。圆领是极易搭配的领型，也是使用频率最高的无领领型。圆领制图同样依据颈部的 4 个参考点，进行整体调控。连接参考点的弧线的弧度是圆领结构设计的关键，其弧度取决于服装风格和服饰种类。

　　圆领制图见图5.6。由于圆领领型使用频率较高，因此某些圆领领型在发展过程中形成了固定的造型和尺寸。例如，T恤的领口造型过大或过小，即使偏差在1cm的范围内，都会导致款式特征模糊，难以体现T恤的属性。又如，圆领具有休闲意味，使用场合及穿着者的脖颈状态均对圆领的具体设计有要求。以上因素都是圆领弧线弧度的限定条件。

图 5.5　圆领

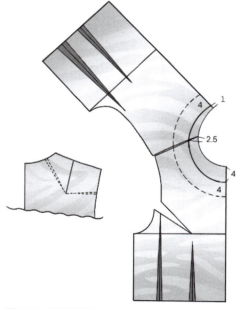

图 5.6　圆领制图

4. 一字领

一字领（图 5.7）是一款十分女性化的领型，能够充分展示女性的脖颈、锁骨线条。

一字领常出现在不同的服饰种类中，但其设计意图主要还是表达女性特质，展现女性健康的形象。设计一字领时，设计人员通常保持前颈点位置不变，根据款式的变化，移动侧颈点到肩部不同的位置，以形成比较平直的领口造型。

一字领制图见图 5.8。

图 5.7 一字领

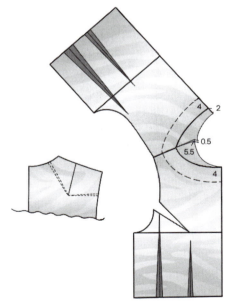

图 5.8 一字领制图

5. 荡领

荡领（图 5.9）由于其结构特点还被称为堆领，这个"堆"字主要指增加前领口线和前中心线之间的立体体量。前领口线加长的尺寸是前颈点下落的尺寸，这是领深的设计标准。前中心线加长的尺寸是静态下领口出现的堆量，动态下堆量形成的褶裥会左右摆动，这就是"荡领"名称的由来。荡领制图如图 5.10 所示，具体操作如下。

（1）图 5.9 所示的款式腰部合体，制图时首先将侧腰省、腰省、胸省依次合并，并将省量转移到前中心。（图 5.10 步骤一、步骤二）同时，分别作前小肩到前中心线的等分切线（这里作了两条切线），并展开到需要的大小，图 5.10 步骤三展开了 8cm 的量。

（2）将前中心线延长，从侧颈点起作前中心线的垂直线 a，确定领口的位置。再过前颈点作垂直于前中心的水平线 b，确定反向贴边的宽度位置。同时，在 a、b 之间反转等量的小肩曲线，完成制图。（图 5.10 步骤四）

【荡领】

图 5.9　荡领

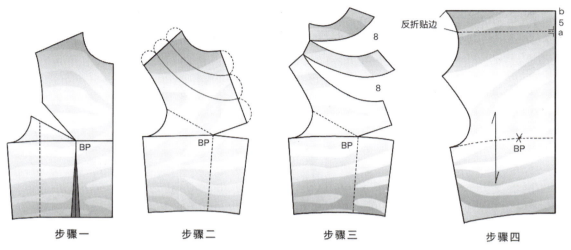

步骤一　　　　　　步骤二　　　　　　步骤三　　　　　　步骤四

图 5.10　荡领制图

第三节　合体领型

合体领型的领围线一般绕颈部一周，在前颈点重合，领围曲线呈闭合状态。衣片前中心一般设置有纽扣，用以固定闭合的领子，使领座合围到该处。常见的领型有立领、平领、翻领等。

一、立领

立领（图 5.11）的形态是脖颈结构的直接体现，它和衣片的 4 个参考点——前颈点、两个侧颈点和颈椎点相契合。同时，立领上领口线的尺寸小于领底线，略微向内收拢，这样的造型结构完成了对脖颈整体造型的归纳和概括。

在服饰发展过程中，立领出现了许多类别，立领的高度、立领与服装的比例、立领与脖颈之间的距离，已经形成了相对固定的审美。例如，学生装立领、旗袍立领的制图结构比例、尺寸设定是相对固定的，这是实践过程中审美经验和制图经验积累的结果。

　　如今，服装款式多样化发展，人们对立领的审美也不再单一。但是，无论款式如何变化，立领领底起翘的幅度、领底不同位置点与脖颈的结构关系等仍然是处理立领结构的主要限定标准。

　　立领制图见图 5.12。

图 5.11　立领

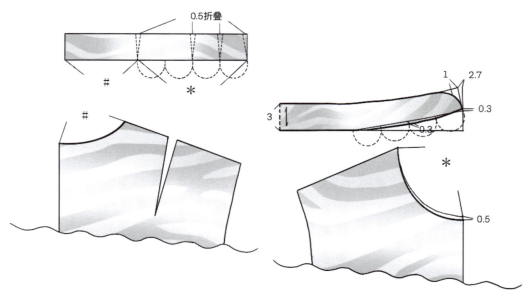

图 5.12　立领制图

二、平领

平领（图 5.13）的领围线和衣身的领围线结构关系相似，也就是说，平领的领底弧线和领窝在造型上基本一致。平领的领身平贴于衣片之上，领外口线是领围在衣身上的延伸。在平贴的基础上，外领口造型线依据设计需求而改变。我们熟知的娃娃领、海军领、披风肩领等都属于平领。平领的种类见图 5.14。

平领制图见图 5.15，我们可以看到，相似、相等的领围线之间是有距离的，并且它们从前颈点到颈椎点分别有 0～0.5cm 的位移，领围线的位移在平领造型上表现为翻折后领座的高度。同时，肩部的交叠使领外口线在后片收了一个折叠的省量，领外口线在后片的长度相较完全平铺的长度变短了。我们可以看到，领座的省量从前颈点到颈椎点逐渐增加。

在实际操作过程中，可以通过切展法了解领子的结构。以立领结构为基础，分别剪开前领、后领的外口线，作出不同位置展开的结构图，记录展开量及领外口线的变化数值。观察不同的展开位置和展开量对领子造型的影响，以及变化后各部位的比例关系。

图 5.13　平领

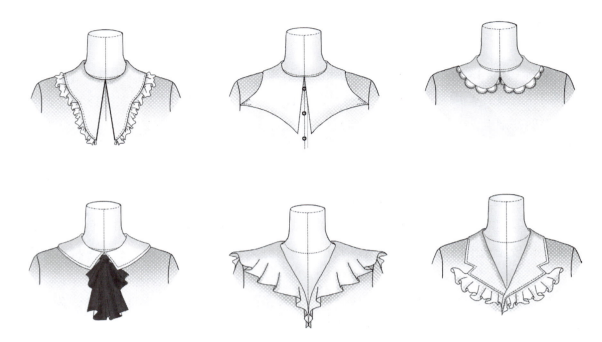

图 5.14　平领的种类

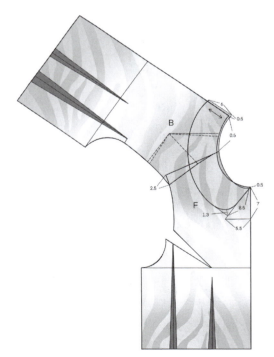

图 5.15　平领制图

三、水兵领

水兵领（图 5.16）是平领的一种。水兵领与平领的外领口线在造型上是不同的，而在制图原理上是相同的。水兵领的立体结构和平面结构分别见图 5.17、图 5.18。水兵领制图见图 5.19，可以看出，水兵领肩部的交叠量比平领大，这使得其后领隐含的领座高于平领。

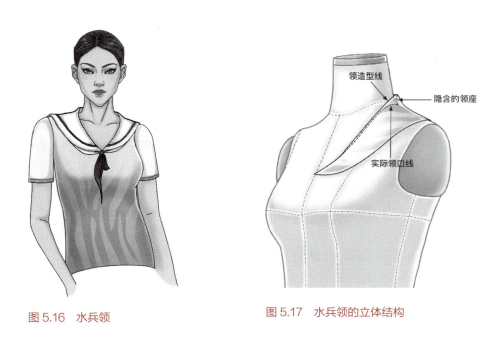

图 5.16　水兵领

图 5.17　水兵领的立体结构

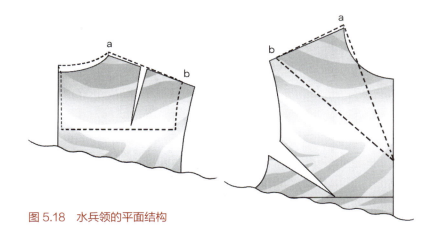

图 5.18　水兵领的平面结构

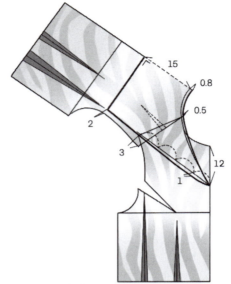

图 5.19 水兵领制图

四、立翻领

我们以立领结构为基础，将其前领的外口线剪开若干个切口，展开加入一定的量，使立领的外口线加长。加长的前领部分可以向下翻折形成翻领，后领部分未动继续以领座的形式存在。翻折部分与领座连为一体，形成一片领结构，这两部分共同构成立翻领（图 5.20）造型。

图 5.20 立翻领

立翻领实验是我们了解领子造型变化和领子板型变化的基础实验。例如，以立领为基础板型，对其进行剪开，加入剪开量，修正曲线，制成完整领型，就可以进行不同剪开量的领型对比。同时，还可以通过设置不同的剪开量、从不同的位置剪开，进一步丰富实验的结果。学生应记录操作数据，比较完成造型，总结实验结果。

立翻领实验设置一：

立翻领结构变化见图 5.21。

（1）选择立领作为基础造型，领尖取直，方便观察结构变化。从侧颈点到前颈点将领底线平均分成三等份，设置两条剪开线，从侧颈点向领外口线也作一条剪开线。（图 5.21 步骤一）

（2）根据实验需要，复制若干个基础立领。这里我们复制 3 个基础立领，分别剪开 3 条剪开线，每个基础立领分别剪开 1cm、2cm、3cm。在剪开后，分别在新的样板纸上拓印出新的领型。（图 5.21 步骤二）此步骤应注意修正领外口线和领底线，保证领部曲线流畅、圆顺。在整个实验过程中，剪开线的数量和位置可以自由设定，剪开量也可以自由设定。制成新领型后，可将其摆放在人台上，以便于更好地观察翻领的翻折位置和翻折强度。

（3）将 3 个变化后的领子以后中心线为准对齐，可以看到，后领的部分基本没有变化，随着剪开量的增大，领外口线和领底线的长度增加，曲度也开始变大。同时可以看到，前领部分结构翻折的位置，都以侧颈点为起点，依次旋转、展开，形成翻折部分。（图 5.21 步骤三）

通过这个实验，我们还可以观察到立翻领领底弧度的变化。我们设计的切口以领底为圆心展开，领底展开的线型弧度反向扩大（立领之前是加大翘势，减少外领口长度，使其更贴近脖颈）。随着翻领切口的增多、切量的加大，领底弧度也不断变大。领底弧度同领窝一样时，不断加长外口线，当增量在 10cm 左右时，立翻领就变成了平领。接下来，我们以平领结构为基础设置第二个实验，继续说明立翻领的基本原理。

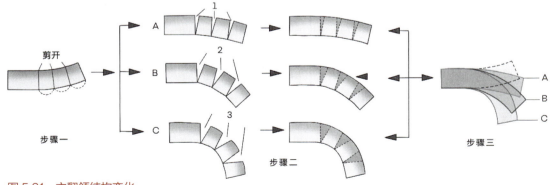

图 5.21 立翻领结构变化

立翻领实验设置二：

立翻领平面操作步骤见图 5.22。

（1）绘制基本的平领，以侧颈点为起点，将后领曲线分成三等份，从等分点向外领口线作辅助线。接下来，以辅助线与外领口线的交点为起点分别向肩线方向量取 0.5cm，确定一点，并分别从后领曲线等分点绘制辅助线到确定的这一点处。然后，从侧颈点向外领口线与前肩线的交点绘制辅助线，再从交点沿外领口线向前衣片方向量取 0.5cm，确定一点，从该点向侧颈点绘制辅助线，完成该处 0.5cm 省的绘制。最后，从后领中线与外领口线交点向内量取 0.5cm，确定一点，从该点向颈椎点绘制辅助线，该辅助线和后领中线共同构成 0.5cm 的省。（图 5.22 步骤一、步骤二）

（2）折叠绘制的省，去除多余的省量。将变化后的领拓印在新的样板纸上并剪下。（图 5.22 步骤三）

（3）以前领为准，对合两个领子。我们可以看到，新领型的外领口线在后领部分明显缩短，几乎变成直线。观察领底可以看出，新领型的领底也几乎变成了直线，这种领底结构和立领基本一致。也就是说，后领部分不能再平铺在衣片上了。（图 5.22 步骤四）

学生可以进一步实验，观察领子领座和领子其他构成要素之间的关系。例如，在平领的基础上设置不同的外领口收缩量，观察领座的高低变化及翻领的翻折程度。

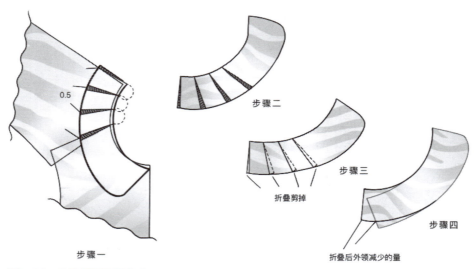

图 5.22 立翻领平面操作步骤

在实际操作过程中，学生可以针对不同的位置进行切口设计，观察相对应的翻领翻折点位置和翻折线形式。这部分实验有利于学生观察翻折线，理解不同翻领结构的设计思路。

接下来，我们进行立翻领的制图实验。（图 5.23 至图 5.25 ）

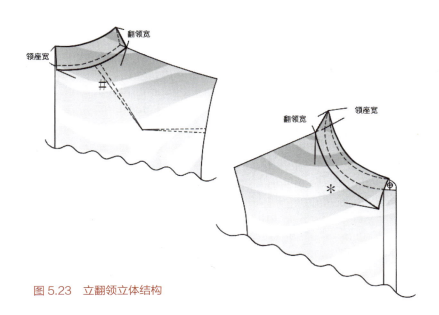

图 5.23　立翻领立体结构

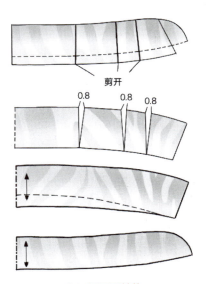

图 5.24　立翻领平面结构

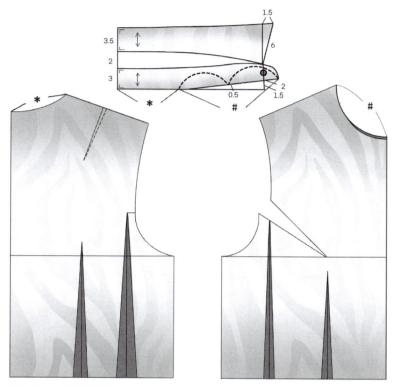

图 5.25 立翻领制图

第四节 半合体领型

　　部分围绕脖颈的半合体领型表现为后领口围绕颈部，视觉上比较贴体。而前颈点偏离脖颈，会依据款式作出改变，如下移拉长前领口线；或者横向移动，使领口线处于装饰状态；或者配合不同的面料形成新的领口线；等等。这样的改变会使领子本身的设计变得相对自由，设计人员可以根据前领口线的变化，对领外口线作任意的造型处理，重点是对前领口线的咬合及其与后领的衔接角度的处理。

　　最常见的半合体领型就是西装领。西装开领的位置点决定其前开领的长度，由于开领的位置点远离衣片的前颈点，因此衣片前领的合体与脖颈没有直接关系。西装的领型结构更多地表现为开领的位置点设定在前搭门上，并且沿搭门线上下移动。同时，开领的位置点与肩部依据款式设定的侧颈点衔接，形成领子的驳口线，这也是翻领的翻折线。也就是说，前领与衣片形成一体，与驳口线在视觉上共同完成造型，起到装饰作用，这种领型又被称为驳领。

合体部分的后领一般为翻领结构，包括底领和翻领两部分。这里的翻领既可以独立制图，又可以依附驳领结构制图。该翻领结构除要解决合体问题，还要处理和驳领结构衔接的问题。

【 思考与实践 】

1.结合无领结构的案例，进行不同造型的领口线设计。

2.参考本章介绍的领型结构，进行案例设计，并自行完成平面结构设计分解，制作实际的领子。

第六章
袖子

【本章要点】

1. 袖子的结构类型。
2. 袖子构成元素的互动关系。

【本章引言】

本章以实际的袖子平面制图思路为依据，对袖子的结构类型进行了划分，分别结合不同的服饰种类，介绍了4种袖子原型的演变过程；将袖肘省等工艺手段穿插在不同的案例中，逐一解决实际的制板问题；重点介绍袖子构成元素之间的关系，提升学生的平面制板能力，培养学生的创新设计意识。

第一节　袖子结构的基础知识

一、基本概念

袖子包裹人体手臂，由于人体手臂的活动量较大，因此袖子适应人体运动的特性是袖子结构设计首先要考虑的要素。这一特性也要求袖子适应人体手臂在不同应用场景下的活动需求，并协调穿着对象处于静止状态的舒适度和运动状态的活动量。设计人员应在满足以上要求的基础上对袖子进行结构上的探索。

二、袖子的类别

袖子通常可以分为连袖和装袖两类。连袖我们并不陌生，传统中式服装大都属于连袖类，即衣袖和衣身相连。"联袂"中的"袂"就是袖子的意思，而"联"字也在一定程度上对这种左右通长的结构进行了描述。"联""袂"再加上袖口的"祛"共同概括了传统中式服装平面结构的特点。在这一结构中，有"袖"甚至"腕"的定义，但是没有"肩"的定义，袖长和肩宽一起计数，业内俗称"出长"。

连袖结构的特点是袖体宽大，轮廓造型比较概括。这种"概括"是从平面角度表达服装结构的结果。在连袖结构中，服装与人体间的空隙很大。连袖的种类很多，从服装结构变化的角度看，大多体现在袖体与人体之间的空间大小，以及服装外轮廓造型对袖体宽窄的要求，也体现在袖头和腋下结构的设定等。

装袖结构在服装结构设计上属于独立的制图形式。它主要由袖肥线上部的袖眼及袖肥线下部的管状袖体组成。成型后的袖子造型类似于人体的手臂造型。虽然在大多数情况下袖子的表现形式是独立的，但是其与衣片的其他结构具有密切的联系。在袖子的结构设计过程中，通常依据款式变化处理其与衣片及整体服装风格之间的关系。

我们在进行袖子结构制图之前，通常会先测量后衣片部分前、后袖窿的长度，并以这些数据为基础根据公式计算袖山高。例如，早期原型的袖山高的计算公式是AH/3，现今衬衫等相对宽松的款式的结构设计仍然可以利用这个公式计算袖山高。计算出袖山高后，可依据测量好的袖长尺寸进行袖子制图。这是我们进行袖子制图的基本思路。

前、后袖窿弧线（AH 值）、袖山高、袖长、袖肥线、袖口线是我们进行袖子制图的基本依据。其中，袖长要依据实际款式结合被测者手臂的长度确定，这其实是实际测量和审美认识共同作用的结果。因此，不考虑款式变化，袖长的数据通常不需要根据结构进行推算，属于相对固定的数据。

另外，我们通常根据服饰文化发展习惯、袖子造型特征等对袖子进行命名。例如，羊腿袖又称起肩袖，起肩既是习惯叫法，又是行业术语。羊腿袖改板后，可以转化为工艺处理手段和造型都与其基本近似的泡泡袖等。又如，以传统平面制板习惯命名的七分袖、八分袖、九分袖等，都是基于袖子长度的叫法。

三、结构类型

袖子根据结构设计特征，可以划分为基本袖、适体袖、合体一片袖、两片袖。

1. 基本袖

基本袖是基于原型衣片的袖窿弧线绘制的袖型。基本袖的袖山曲线与原型的袖窿吻合，袖体属于直线型。

基本袖标示的信息包括袖长、袖肥、袖山高 3 个数据。基本袖见图 6.1。

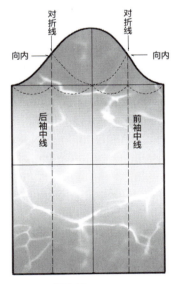

图 6.1 基本袖

2. 适体袖

适体袖操作过程见图 6.2。

（1）使用基本袖原型，将其拓印在新的样板纸上。在前袖口上，以前袖中线与袖口的交点 b 点为起点，向左量取 1.5cm，确定一点 e；在后袖口上，以后袖中线与袖口的交点 d 点为起点，向右量取 2cm，确定一点 f。（图 6.2 步骤一）

（2）分别以 a 点、c 点为圆心，旋转前袖中线 ab，使之与斜线 ae 重合，并描绘出旋转后的前袖底弧线、前袖侧缝线、前袖口线。同理，旋转后袖中线 cd，使之与斜线 cf 重合，描绘出旋转后的后袖底弧线、后袖侧缝线、后袖口线。（图 6.2 步骤一、步骤二）

从图 6.2 步骤三中可以看出，前、后袖的袖中线处收掉了一个纵贯的"省"，且后片的收量大于前片，袖口收掉的量最多。适体袖相较基本袖整体更加适体。同时，从图 6.2 步骤四两个原型的重合图中可以看出，从前、后袖中线到袖山顶点的部分没有发生变化。而前、后袖中线两侧的袖肥点联动袖山底弧线，分别有 0.3cm、0.5cm 的下沉。袖肘线和袖口线内收幅度大，整体上更加适合人体手臂的立体造型。

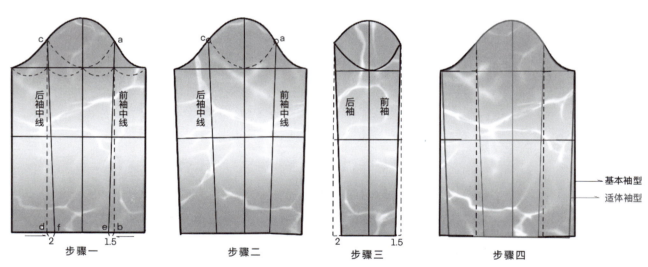

图 6.2　适体袖操作过程

3. 合体一片袖

合体一片袖见图 6.3，具体操作过程见图 6.4。

（1）以适体袖型为结构设计基础，袖口参考尺寸为 28cm。首先，在样板纸上描绘以前、后袖中线为界的中间部分。然后，以袖中线和袖口的交点为原点，向前袖方向量取 1.5cm，设定 f 点。连接 ef 并将其作为新的袖侧缝线，同时将袖肘线与后袖中线的交点设定为 d 点。（图 6.4 步骤一）

（2）确定袖口尺寸。以 f 点为原点，量取前袖口：袖口 /4-1，确定 g 点。以 f 点为原点，量取后袖口：袖口 /4+1，确定 h 点。连接 gh，使 gh 线垂直于 ef 线。然后分别连接 ag 和 dh。（图 6.4 步骤二）

（3）作有袖口省的合体一片袖。ag 线是前袖中线，可以它为轴线反向画出前袖的侧缝袖部分，完成前袖部分；以 cd 线为轴线，反向画出后袖的侧缝袖部分，完成后袖部分。可以看到，将 dh 线作反向处理，画出了 dk 线，并在袖口位置形成了高度到袖肘线，宽度为 kh 线长度的袖口省。（图 6.4 步骤三）

（4）袖口省转袖肘省。如图 6.4 步骤三、步骤四所示，设定袖肘线与后袖侧缝线交点 i 点。以 d 点为圆心，闭合袖口省，从 k 点到 h 点，联动旋转后袖侧缝线的下面部分，这样 i 点就旋转到了 i' 点，连接 di'，就形成了袖肘省 i-d-i'，其省量在 1cm 左右。如果该款式在此处没有袖肘省，则将此处处理成袖肘吃量，用弯尺画顺后，标记缩缝记号。

从该案例中可以看出，合体一片袖在袖肥线以上的袖山部分，结构基本没有发生变化。从袖肘线到袖口的部分改变最大，设计了袖中线的偏移量，可在此基础上进行袖口尺寸的适体分配。前片的宽度比后片略小，可在适当减少围度的前提下，使袖体在视觉上更加接近手臂的造型，而这种合体是相对的贴体。

袖子结构设计的重点是省道的基本设定及省道的变化。如前所述，袖子结构的变化多发生在袖肘线以下，因此省道的设定是围绕后袖袖肘线展开的，这样更便于塑造袖体前倾的造型。

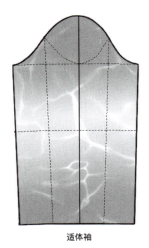
适体袖

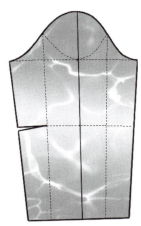
利用袖肘省增加袖子弯势

图6.3 合体一片袖

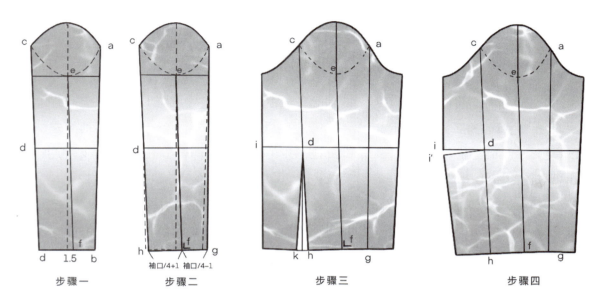

图 6.4　合体一片袖操作过程

4. 两片袖

两片袖操作过程见图 6.5。

（1）以适体袖型为结构设计基础，袖口参考尺寸为 28cm。将适体袖前、后中心线的中间部分拓印在样板纸上，在袖口线上以袖中线与袖口线的交点为原点，向前袖部分量取 2cm，确定一点 A。连接 A 点到袖中线上部，形成新的袖中线。（图 6.5 步骤一）

（2）以 A 点为原点，向右量取前袖口宽度（袖口 /4−1），确定一点 b；以 A 点为原点，向左量取后袖口宽度（袖口 /4+1），确定一点 d。同时，设定前袖中线与袖山曲线的交点为 a，设定后袖中线与袖山曲线的交点为 c，连接 ab、cd，完成前、后袖辅助线。（图 6.5 步骤二）

（3）从 ab 辅助线与袖肘线的交点向内量取 0.5cm，确定一点 e；从 cd 辅助线与袖肘线的交点向外量取 0.8cm，确定一点 f。圆顺点 a−e−b、c−f−d。同时，以新的曲线 aeb 为准，向内量取 4cm 作一条 aeb 的平行线 a′e′b′，将这两条线之间的袖体部分以 aeb 为准进行反转，拓印到袖外，袖肘线处会形成 0.5cm 左右的松量。（图 6.5 步骤三、步骤四）

（4）在新的样板上拓印出 ca′b′d 之间的小袖部分。（图 6.5 步骤五）

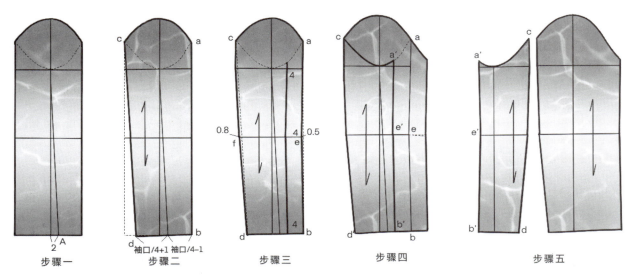

步骤一　步骤二　步骤三　步骤四　步骤五

图6.5　两片袖操作过程

第二节　袖子构成元素的互动关系

一、袖山高

袖山高是袖肥线到袖山顶点的距离。我们可以依据胸围推导求得袖山高，也可以依据成型后的前、后袖窿造型，按比例求得袖山高。设计人员需要充分了解袖山高与衣片造型之间的关系，这样才能更好地塑造不同风格的袖子。

通常，袖山顶点和衣片上的肩端点是重合的或者依据上袖的工艺要求有1cm的偏移，因此可以根据款式和制作工艺决定肩端点位置，确定袖山高的基本形态。

首先，若袖山顶点就在肩端点的位置，则说明这个款式在肩部是合体的，通常我们实测设计对象的总肩尺寸，所得到的肩端点就是袖山高和衣片肩端点的重合位置，合体的款式通常会选用这个位置的肩端点。这时，前、后袖窿也比较合体。在进行袖子结构设计时，应在预留基本活动量的前提下塑造合体袖型。合体肩型通常会在肩端点位置作垂直提高设计，如西装会通过制作垫肩实现肩部造型。

对于变化后的袖窿造型，基础袖型应相应提高袖山高，提高的高度一般在4cm以内，并增加前、后袖山对位点之间的吃量，对袖山造型进行塑造。此外，袖山斜线也应相应提高。我们可以看到，若袖肥变窄，袖体也会变窄，不过这正符合合体服装对袖型的要求。

这时多采取贴体的两片袖设计，不仅可以缩小袖子的宽度，还可以突出人体手臂前倾的造型。袖山高曲线与袖窿曲线的关系见图6.6。

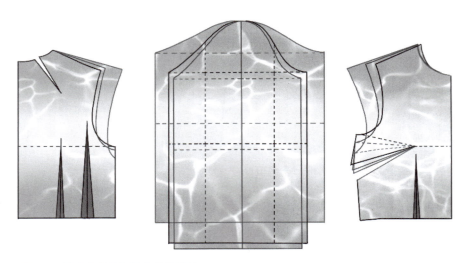

图6.6　袖山高曲线与袖窿曲线的关系

其次，若袖山顶点在肩端点外侧，即衣片肩端点向外偏离人体实际肩端点，我们通常把这样的袖子称为落肩袖。这种款式的衣身相对宽松，袖子活动量大，袖体也比较宽松。休闲衬衫、运动服等多数会采用这种袖山顶点的设计。

落肩袖袖山顶点的下落，意味着袖子不需要塑造手臂上端的造型，肩部呈现浑圆的外轮廓。也意味着我们在制图时，应相应地降低袖山高，将肩部下落占袖长的量全部减掉。降低袖山高后，面对相同尺寸的袖窿弧线，袖肥应相应扩大。由于不承担塑造袖山头造型的任务，袖山曲线也变得相对平缓。在传统中式结构中，我们甚至能看到袖山完全消失的结构设计。降低袖山高的同时，袖子的吃量也会减少2cm左右，设计人员会在量取的袖窿尺寸的基础上减少1cm再进行制图。不同服饰类型袖山高的差异见图6.7。

最后，除了对标准袖山造型进行结构设计，我们还要对其他多变、复杂的袖山造型进行结构设计。例如，羊腿袖分别在袖肥、袖肘、七分袖线等位置展开，配合不同的褶裥形式会形成不同的结构变化。进行此类袖型结构设计时应首先确定展开的基准线，可以依据款式在袖体的任意位置确定展开的基准线。然后，同时加高、加宽袖山，通过剪开放出造型所需的量，修正袖山，做好变化后的袖山和袖窿的对位记号，完成造型处理。

下面以泡泡袖（图6.8）制作为例进行案例分析。

泡泡袖制图中袖长的参考尺寸为18cm，袖口的参考尺寸为30cm。

（1）选择基本袖型。确定袖长为18cm，将袖子拓印在新的样板纸上。

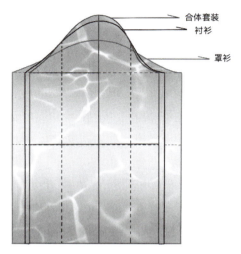

图 6.7　不同服饰类型袖山高的差异

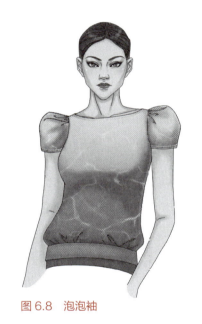

【泡泡袖】

图 6.8　泡泡袖

　　（2）调整袖子造型。泡泡袖袖口制图见图 6.9。首先，确定袖口尺寸。从前袖中线与袖口的交点向左量取 1cm，确定一点 a 点；从袖中线和袖口交点向右量取 0.8cm，确定一点 b 点；从后袖中线与袖口交点向右量取 1.5cm，确定一点 c 点。然后，分别以袖山上的点 a 点、b 点、c 点为圆心，将袖中线和前、后袖中线转移到袖口的新位置点，转移的方向参照图 6.9 步骤二的箭头方向。修正袖口和袖山曲线，完成袖型的调整。

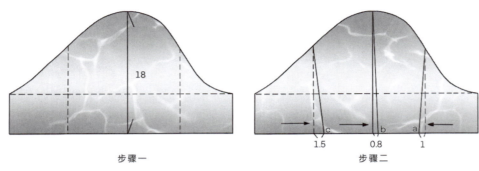

步骤一   步骤二

图 6.9   泡泡袖袖口制图

（3）泡泡袖袖山调整见图 6.10。先将调整后的袖型沿袖肥和袖山高的交点向上量取 3cm，确定一点。然后，分别以两侧的袖肥端点为圆心，转移前、后袖山部分，分别将其提高到新确定的位置点。将变化后的部分绘制出来，此时袖山顶点拉开的距离约为 6cm。

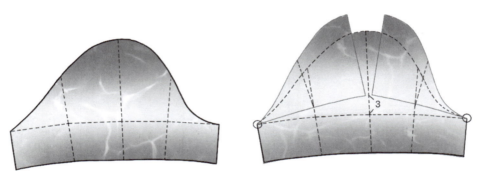

图 6.10   泡泡袖袖山调整

（4）泡泡袖袖山碎褶裥如图 6.11 所示。如果袖山部分设计为碎褶裥，则需要在衣片和袖片上标注对位记号，确定碎褶裥的对位距离。例如，设定袖山时，以袖山顶点为起点，向左、右各量取 6cm，作对位记号，袖山上两个对位记号之间的长度就是 12cm。同时，在衣片上，以肩端点为起点，分别沿袖窿弧线向前、后衣片各量取 3cm，作对位记号，衣片上

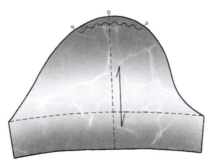

图 6.11   泡泡袖袖山碎褶裥

两个对位记号之间的长度就是6cm。因此，在将衣片和袖山依据对位记号对合后，袖山上的对位长度是衣片上的对位长度的两倍。

（5）泡泡袖袖山规则褶裥如图6.12所示。袖山部分设计为规则褶裥，依据加放的褶量将褶裥数量设计为4个，每个褶裥的褶量为1.5cm。若加高的袖山高度为3cm，则可以将褶裥的长度设置为1.5cm。以袖山顶点为基准，平均分配两侧的褶量。同时，应注意褶裥和袖山曲线的垂直衔接处理。

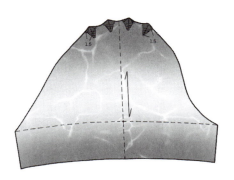

图 6.12　泡泡袖袖山规则褶裥

二、袖肥

袖肥也被称为袖宽、袖壮等，它在基本袖型结构制图上表现为直线。

袖肥是一种围度尺寸。用皮尺围量手臂最粗处的尺寸，即大臂围尺寸，在此基础上加上4cm的松量，所得数据一般作为无伸缩性面料成品袖肥的最小尺寸，适用于合体袖型结构。当然，服装款式在不断变化，松量的加放也比较自由，系列号型服装相对应的加放系数在1cm左右。

面对具体的设计对象时，实际的测量尺寸是最关键的数据。设计人员应依据服装款式设计袖肥，袖子造型的松量和设计对象具体的大臂围尺寸应互相协调。在保证人体基本活动量的前提下，可考虑根据不同服饰类别加放袖肥松量。设计人员应协调大臂围的净尺寸、袖肥实际设计尺寸与衣片袖窿的结构设计关系。

我们制图时习惯依据袖窿弧线长度来推算袖山高，然后分别依据斜线的长度标记前、后袖的端点，确定袖肥。面对同一袖窿弧线长度，如果我们采用以袖山高顶点为起点的袖肥确定方式，那么随着袖山高的上升，袖肥会缩小；同理，随着袖山高的降低，袖肥会增大。这也是我们面对具体设计时，调整袖肥的基本方法。

当然，在缩小袖肥、升高袖山，追求袖子合体的时候，必然也减少了袖侧缝的长度，人体手臂上抬会受到限制。由此可见，美观袖体在一定程度上减少了人体活动量。同样，如果需要增大袖肥，必然要降低袖山高，那么相同袖长下，袖侧缝会变长，袖体整体变宽松，增加了手臂的活动量，手臂上抬不受限制。我们从西装袖型结构上能看出这一原理，西装需要合体的袖子，因此它的活动量少，但穿西装的场合对活动量的要求也相对较低，所以西装袖的袖山较高，袖肥加放量少，以塑造美观外形为设计前提。同理，如果穿着场合对活动量要求高，就要横向上增加袖肥、降低袖山。袖肥与袖山高、袖侧缝的关系见图 6.13。

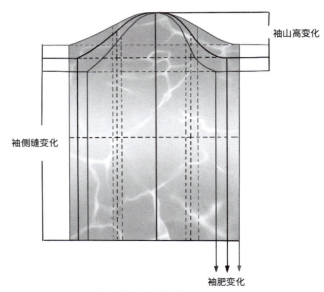

图 6.13　袖肥与袖山高、袖侧缝的关系

袖肥除与袖山高存在联动关系外，还与袖体的连接存在联动关系。

首先，对于合体的袖体，设计人员根据被测者的要求确定基本袖肥后，如果制作一片袖，则在袖肥两侧去掉造型量；如果制作两片袖，则依据纵向的分割平均去掉造型量。因此，与一片袖相比，两片袖在造型表达上更加立体，和手臂吻合度更高，同时也塑造了袖子前倾的走势。

其次，设计人员可以对袖口部位进行加放，改变袖子的款式。先要确定加放的横向位置，位置不同，袖子的外形拐点也不同，然后依据纵向结构线进行加放。

设计人员应依据款式设定加放量，原则上后袖的加放量大于前袖。也就是说，在保持袖山不变的情况下，多把袖体的加放量放在后袖中线，其次是袖中线，再次是前袖中线，这样可以保证袖体美观。例如，要求袖口加大 12cm，一般袖侧缝加放 1.5cm，前袖中线加放 2cm，袖中线加放 3cm，后袖中线加放 4cm。

1. 袖肥案例一

袖肥案例一效果图见图 6.14。

图 6.14 袖肥案例一效果图

袖肥案例一操作过程见图 6.15。

（1）选择合体一片袖袖型。图 6.14 所示的案例中袖口部分有加放，连接合体的袖头形成堆褶裥。设计人员应从袖山顶点向下量取 20cm，确定袖长。案例中的短袖造型是以袖山为中心，进行袖口切展后，袖肥会发生变化。（图 6.15 步骤一）

（2）从袖口向上量取 2cm，确定袖头的位置，则袖体部分的长度为 18cm。以前袖中线 ab 为准，在袖口展开 2cm；以袖中线为准，前、后分别展开 2cm；以后袖中线 cd 为准，在袖口展开 4cm；最后，袖侧缝分别再外扩 1cm。袖体共加放 12cm。依据前、后袖加放松量，圆顺袖口的曲线。同时，提高袖肥两侧的端点 0.5cm，圆顺袖山造型。在切展过程中，袖肥线不仅长度增加，而且从直线变成两侧上升的曲线，使整体袖型发生变化。此外，还应垂直提高新袖口曲线和前、后袖侧缝的交点 0.5cm，方便对合。（图 6.15 步骤二至步骤四）

（3）预设大臂围 27cm，加上 2cm 的松量，共计 29cm。搭门宽设定为 2cm。由于袖头为长方形结构，因此加放后的袖口长度为 46cm，袖口堆褶裥的量为 17cm。缝制时，应均匀缩缝，将堆褶裥和袖头缝合在一起。

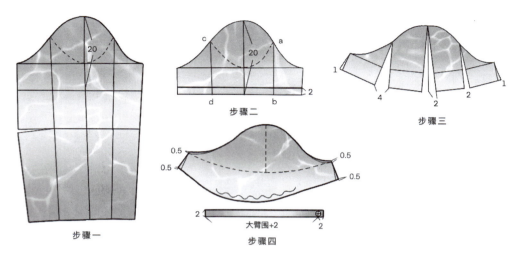

步骤一

步骤二

步骤三

步骤四

大臂围+2

图 6.15　袖肥案例一操作过程

2. 袖肥案例二

袖肥案例二效果图见图 6.16。袖肥案例二操作过程见图 6.17。

（1）选择有袖口省的合体一片袖。在图 6.16 所示的案例中，从袖山顶点到肘部偏上的位置是基本合体袖型，下部是其展开加放、进行造型的部分。若在袖口设计合体的紧袖头，则需要在手腕围的基础上加上 2cm 的松量。由于袖头和加放的袖体存在差量，因此形成了袖头上端堆褶裥的造型。

【袖肥案例二】

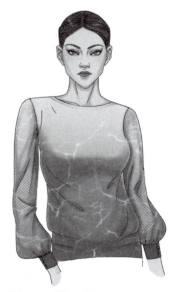

图 6.16　袖肥案例二效果图

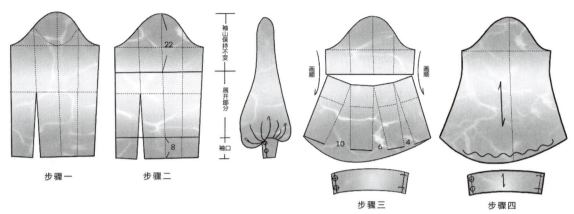

步骤一　　　步骤二　　　　　　　　　　　　步骤三　　　　　步骤四

图 6.17　袖肥案例二操作过程

（2）从袖山顶点向下量取 22cm，作一条水平线。这条线以上的部分是袖子相对合体、没有变化的部分。同时，从袖口向上量取 8cm，作一条水平线，这条线以下的部分就是袖头部分。这两条线之间的部分是袖体需要展开的部分。（图 6.17 步骤一、步骤二）

（3）在袖体需要展开的部分，分别在前袖中线展开 4cm，在袖中线展开 6cm，在后袖中线展开 10cm。前袖展开量较少，后袖展开量较多。圆顺展开的袖体底部，后袖圆顺纵向加放量较多，前袖较少。同时圆顺袖子上部和展开袖体的两边袖侧缝，完成整体袖体的绘制。合并袖口省，圆顺合并后的袖头上、下口线。注意标注纽扣位和上、下袖片的纱向。（图 6.17 步骤三、步骤四）

三、袖山吃势

吃势是行业内的俗称，它是建立在人体立体结构认识基础上的平面制图表达，指在进行结构设计时提前加入造型的量。这个量使对合的两边出现对合差，设计人员通过工艺手段使造型的量形成立体的结构，以适应人体曲面的转折。

袖山吃势的设定也是出于袖山造型的需要，袖山曲线长度与袖窿对位记号之间形成的对合差，使袖山曲线既可以反向包围袖窿曲线，消除上、下两个闭合圆圈的差，又可以形成袖山头起鼓，使袖子从视觉上修饰人体手臂线条。

1. 袖山吃势案例一

袖山吃势案例一效果图见图 6.18。

图 6.18 所示的款式是短袖，属于比较合体的袖型结构。该案例袖山部分收碎褶裥的同时升高袖山作起肩处理。同时，在袖中线上，从袖口位置向上作抽碎褶裥的处理。袖山部分的碎褶裥既有装饰作用，又有造型作用。袖口部分的褶裥属于装饰性褶裥。

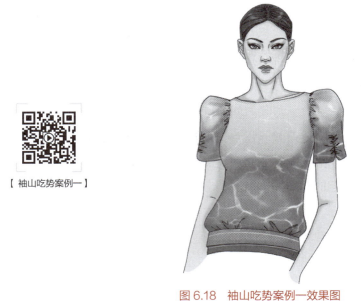

【袖山吃势案例一】

图 6.18 袖山吃势案例一效果图

袖山吃势案例一操作过程见图 6.19。

（1）选择合体袖型，并将其拓印在新的样板纸上，确定袖长为 23cm。（图 6.19 步骤一）

（2）在袖山顶点两侧分别量取 5cm，标注对位记号和收碎褶裥的位置点。从袖中线与袖口的交点向上量取 8cm，确定袖口纵向碎褶裥的位置。以前袖中线与袖口的交点为原点，向左量取 1.5cm，确定一点，同时连接该点至前袖中线和袖山的交点，确定新的前袖中线，按住前袖中线与袖山的交点，旋转前袖中线，使之与新的前袖中线重合，并且标注转移后的前侧袖部分，同时使前袖袖口尺寸减少 1.5cm。同理，标注后侧袖部分，使后袖袖口减少

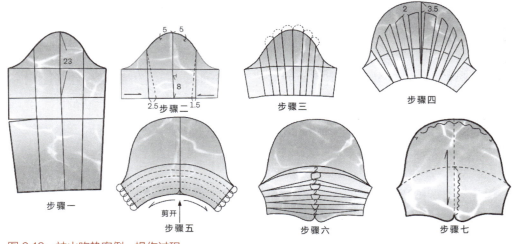

图 6.19 袖山吃势案例一操作过程

2.5cm。操作时需要注意袖口合体处理的方法及前、后减少的量的比例，同时注意袖子造型的变化。（图 6.19 步骤二）

（3）确定展开分割线。将前、后袖对位记号之间的部分作等分处理，我们这里划分了八等份，也就是确定了包括前袖中线、袖中线、后袖中线在内的 7 条分割线。我们分别在前、后袖对位点向袖口作分割线，在线外再次等比设定一条分割线。（图 6.19 步骤三）

（4）以分割线和袖口的交点为中线，分别剪开分割线，在袖山部分加入 2cm 的量，即 9 条分割线共加入 18cm 的碎褶裥量。同时，从袖山顶点向上量取 3.5cm，确定新的袖山顶点，画顺新的袖山弧线。（图 6.19 步骤四）

（5）等分前、后袖侧缝之间的袖体部分，确定 4 条分割线。将袖中线与袖口的交点两侧作圆角处理。同时，剪开袖中线，再分别剪开两侧的分割线，在袖中线和分割线处均展开 2cm。因此，共加入了 10cm 的缩缝量。（图 6.19 步骤五、步骤六）

（6）修顺袖口的曲线。注意标注碎褶裥的对位记号部位和纱向，完成制图。（图 6.19 步骤七）

2. 袖山吃势案例二

袖山吃势案例二效果图见图 6.20。

图 6.20 所示的袖子是半合体的袖型结构，以袖山顶点和腋下点为分界点，将袖体在横向上分为合体和宽松两部分，在纵向上分为下部紧袖口的合体袖头，以及上部和袖头的连接处。袖外侧有起装饰作用的堆褶裥。

袖山吃势案例二操作过程见图 6.21。

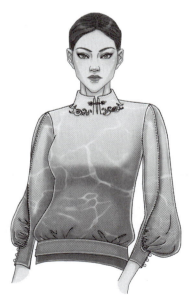

图 6.20　袖山吃势案例二效果图

（1）选择两片袖，将大、小袖外侧按袖肥线水平对齐。从袖中线和袖口的交点向上量取 9cm，确定一个参照点；从小袖片上的袖底线和袖口的交点向上量取 9cm，再确定一个参照点。从两个参照点连接线的中点向下量取 4cm，确定第 3 个参照点。圆顺连接 3 个参照点，确定上片和袖口的分界线。同时，确定袖体的加放部分，即图 6.21 步骤一中红色标记部分。（图 6.21 步骤一）

（2）将图 6.21 步骤一中红色标记部分的衣片取出，在其底部进行展开加放处理，使之与袖头部分形成差量，缝合后形成堆褶裥。首先，将衣片袖上部分作等分处理，确定展开的两条分割线，在两部分袖片对合的中间位置确定第 3 条分割线，在这 3 个位置分别展开袖片，加放 6cm。同时，在两部分袖片对合的中间位置向下加放 2.5cm，确定褶裥堆叠的纵向加放量。圆顺切展部分的曲线，完成外侧袖片的结构设计。（图 6.21 步骤二）

（3）对合内袖的两个衣片，圆顺外轮廓，制成完整的袖片。注意标注纱向，完成袖片制图。（图 6.21 步骤三）

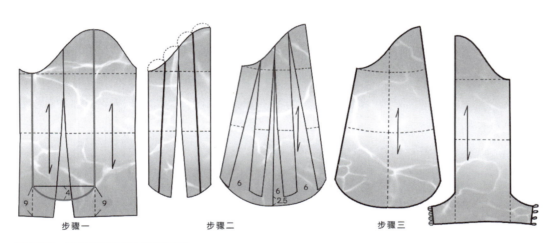

图 6.21　袖山吃势案例二操作过程

3. 袖山吃势案例三

袖山吃势案例三效果图见图 6.22。袖山吃势案例三操作过程见图 6.23。

（1）选择带有袖肘省的合体一片袖原型。从袖上顶点剪开至 A 点，再沿袖肘线剪向后袖片，剪开后合并袖肘省，使省量转移到袖中线，将前、后袖分开。（图 6.23 步骤一）

（2）从袖肥线沿两侧袖中线分别量取 11cm，确定 a 点和 c 点两点。再分别向前、后袖侧缝线作平行于袖肥线的水平线，前袖为 cd 线，后袖为 ab 线。完成展开辅助线的绘制，然后分别从中心沿辅助线剪开。（图 6.23 步骤二）

（3）将展开的袖片水平放置，这时袖山顶点分别处于前、后袖水平展开的两端，用直线连接两个袖山顶点，并找到此线段的中点，以中点为圆心，取圆于衣片围合的部分，完成袖山绘制。同时，圆顺展开衣片与袖体下部的侧缝线，完成结构设计。（图6.23 步骤三）

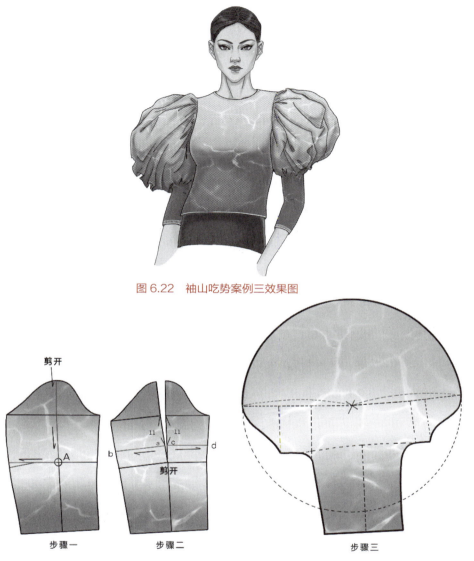

图6.22　袖山吃势案例三效果图

图6.23　袖山吃势案例三操作过程

【思考与实践】

1.思考袖肥尺寸和胸围尺寸、大臂围尺寸的关系。

2.参考本章介绍的袖子工艺手段进行案例设计，并自行完成平面结构设计分解，制作实际的袖子。

第七章
肩背部结构设计

【 **本章要点** 】

1. 肩背部结构特点。
2. 肩省的工艺表达方式。
3. 肩背部结构制板的应用。

【 **本章引言** 】

本章内容的学习建立在对人体肩背部结构与服装结构互相塑造认识的基础上，要求学生了解服装肩背部结构构成元素之间的关系，并对其进行反复研究。培养学生在进行结构设计时对各元素的协调运用能力，以及对工艺表达语言进行切换的能力，重点培养学生协调处理肩省、背部褶裥及后片整体造型的能力。

第一节　肩背部结构特点

人体背部的肩胛骨和脊柱是背部结构的主要支撑点。其中，横向上两侧肩胛骨的凸起部分，以及纵向上肩部到腰部的曲线部分，是制作原型后片主要需要处理的部分，原型后片的结构变化主要围绕这些部分展开。

从人的头顶向下看，人体的两肩有向前的趋势，呈弓形。肩部中间厚，两端薄。中间厚主要是因为胸部的挺起。男性肩部一般较宽，轮廓线条清晰，体积感强，前中央表现为双曲面状。而女性肩部轮廓线条柔和，女装前、后肩线的平均斜度大于男性。此外，因为女性肩膀的弓形及肩部前中央的双曲面状均较男性更明显，所以女装肩宽整体小于男装肩宽。

除了性别差异，人体肩部造型在不同的地域、民族都有很大差别。而且，个体的肩部造型也会随着年龄的变化而呈现不同的特征。

人体肩部的外形特征反映在服装结构上就是侧颈点、肩端点，以及前、后肩线在肩部的横向构成。这 3 个部位在空间上处于不同的位置，不同个体的这 3 个部位也存在差异。理解肩部这 3 个部位之间的互动关系，是我们了解服装肩部结构构成原理的关键。

侧颈点是肩线的起点，它是肩部和领部的交界点，也是我们确定小肩长度的起点。它的位置比较固定。

肩线是人体上部廓形的第一条支撑线。从人体的角度看，肩线是对人体肩部轮廓造型的归纳，如平肩等反映的是人体的实际生理状态。当然，人体实际上不存在这条线。从服装结构的角度看，肩线是前、后衣片在肩部的分界线。这种人为设定的分界线，来源于人们对人体肩部结构的理解。服装分前、后两条肩线，涉及前、后衣片的对合、等长，又分别依据人体肩部特点呈现不同的角度和曲度。此外，依据具体款式的要求，肩线会发生前后移动，也就是通常所说的借肩。

肩端点是总肩宽和小肩宽的界定点，也是肩部造型的卡位点。肩端点与袖山顶点是进行肩部结构设计、袖子结构设计及其他相关工艺处理主要需要参照的位置点。

第二节　肩背部服装工艺特点

一、肩省

人体的肩胛骨呈凸起形状，当我们将面料铺在人体背部时，肩胛骨周围会出现余量。为了使背部面料平整，以凸起位置为起点，保持纱向不变，将肩胛骨周围的余量归聚到肩部，就形成了肩省的基本状态。

原型在肩部的基本结构相当于合体衬衫肩部的基本结构，设计人员可依据前小肩长度及后肩省的大小，确定后肩部的结构。一般采取收肩省与缩缝结合的方法表现合体服装的肩部造型。

设计人员需要估量前、后肩线是否是对合后能完全重合的两条线，这是前期结构制图时刻意加入后肩松量的操作基础，后期可使用工艺手段缩缝。某些前肩线会在靠近肩端点的位置被绘制成外凸的弧线，相对应的后肩线会被绘制成内凹的弧线。当然，这一制图手段后期同样需要配合合适的工艺处理方法。

服装后肩尺寸通常长于前肩，在服装结构制图中，这多出来的量被称为后肩吃势，它的大小与面料的厚薄、伸缩性等有密切的关系。若面料纱支较松散，则后肩吃势相对较大，若面料纱支较紧密，则后肩吃势相对较小，一般控制在 0.5～1cm。

除对后片肩部吃势进行处理，设置后肩省也是比较重要的结构设计手段。基于衣片前后平衡的原则，设计人员会采取适度分散省量的方法处理后肩省。如果不处理后肩省，衣片前肩锁骨处会出现不够平展的问题。因此，后肩省是设计后片结构时主要需要处理的部位。修正后肩省是我们处理人体后肩、背部结构问题最直接的手段。

在合体状态下，肩省的大小由设计对象的背部结构决定。例如，设计厚背体的曲面，需要通过观察厚背体大曲率状态下袖窿长度和领围的变化，进行肩省省量的适度修正。当然，在合体状态下，服装有时不存在后肩省结构，这反映出设计对象的体型特征，即背部较平，相对标准体型偏瘦，胸部起伏小，肩部较窄，等等。

在设计肩省时，除需考虑人体肩背部的实际情况，还要根据服装款式的变化，进行肩省的设置、转移和消化。例如，针对偏瘦体型制图时，通常将肩省处理成后肩吃势的形式，使后肩尺寸大于前肩尺寸，一般控制在 0.5～1cm。前、后肩尺寸的差值与面料的厚薄、伸缩性等有密切的关系。若面料纱支松散，则吃势较大；若面料纱支紧密，则吃势较小。在制图时，通常直接在肩端点向内收 0.5～1cm 的前后余量，使袖窿弧线上端垂直于肩线，剩下的省量采取缩缝处理。此外，在设计肩省时，还要考虑肩省周边的结构变化。例如，面对实际设计对象总肩宽和背宽的变化，可以通过调整肩省的大小来平衡二者的比例关系。

综上所述，后肩省的结构设计是由后片各部位综合决定的。

二、肩斜

人体肩部的生理结构决定了人体肩斜度的存在。如果在肩部中间设置一条分界线，然后沿分界线展开，则后肩斜度必定小于前肩斜度。因为女性的肩部呈更明显的弓形，所以女性的肩斜度通常大于男性。此外，无论肩部弓形结构导致的肩斜差的具体数值是多少，只要前、后肩斜度之合满足这个数值，就可以保证服装前、后肩部结构协调。

在使用条格面料时，设计人员为使前、后肩线处的条格对准，会将肩斜差定为 0，使前、后肩斜度相等，甚至使前、后肩线倒斜。欧板的高级西装的前、后肩线都是向后偏斜的，当然侧颈点位置是不变的。这样做除了上文提到的对条需要，更主要的是运用了视错的原理，保证从正面看时，前、后肩线不再倾斜，而呈水平状。

若上装设计有垫肩，则在制图时应加入垫肩的厚度，改变肩斜，使服装的肩部更加平直。

从肩部的平面展开图中可以看到，前肩呈内弧形，后肩呈外弧形，可以在制图时应用这一结构特征。如果前、后肩线被处理成弧状，则前、后肩线与袖窿弧线上端在肩端点必然不呈直角，但只要整体袖窿处理得圆顺平滑就可以。

原型的肩斜采用了固定的角度，即前肩斜与上平线呈 22° 夹角，后肩斜与上平线呈 18° 夹角。这样的设定使原型的肩部造型相对稳定。传统制图的肩斜通常和胸围尺寸有关，胸围尺寸发生变化，肩端点相应发生变化，大胸围尺寸会出现较大的肩斜，小胸围尺寸会出现较小的肩斜。人体正常体型的肩宽不同，但肩斜基本相同。

即使面对特殊肩型，如平肩等，肩斜也具有很具象的基于板型结构的说明作用。但这也只是对变化后的个体的处理，不具有普遍参考意义。设计人员可以通过对原型肩部省道作前期处理，完成对特殊肩型的补正。

第三节 肩背部设计案例分析

一、肩省转移到分割线

肩省转移到分割线见图 7.1，具体操作过程见图 7.2。

（1）该案例是对后片肩省和腰省的分割处理。选择后衣片，从肩端点沿袖窿量取 8cm，确定一点，这点的设定依据款式而定。连接该点到肩省省尖，作肩省转移到袖窿的参考线。闭合侧腰省，完成初步的结构设计。（图 7.2 步骤一）

（2）将肩省转移到袖窿位置，分别用曲线连接袖窿省两侧省线和腰省两侧省线。绘制的两条曲线均与胸围线相交，且有一共同交点，以该交点为原点，沿两条曲线方向分别向上、向下量取 3cm，确定两个参考点。在这上、下两个参考点之间的区域内，两条曲线重合。这两个参考点分别是袖窿省和腰省的省尖，以两个省的省尖为起点，分别将两条曲线圆顺至两个省的省线，完成后片完整的分割线，将后片分为左、右两片。（图 7.2 步骤二）

（3）依据上、下两个参考点，分别确定后片左、右两片的对合刀口位置，胸围线上也需要作对合标记。（图 7.2 步骤三）以两边胸围线为准，对合胸围线以上的曲线部分。由于袖窿部分两条曲线不完全重合，因此需要作圆顺处理，基本原则是"削高补低"，作均衡的曲线处理。（图 7.2 步骤四、步骤五）

【肩省转移到分割线】

图 7.1 肩省转移到分割线

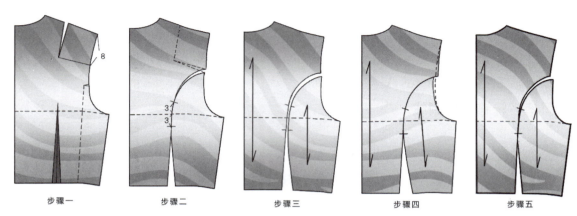

步骤一　　　　　步骤二　　　　　步骤三　　　　　步骤四　　　　　步骤五

图 7.2　肩省转移到分割线操作过程

二、肩省的分散

肩省的分散操作过程见图 7.3。

（1）该案例是对后片肩省的分散处理，使后肩省的省量以肩胛骨高点为中心，分散到后片的不同部位。首先，选择后衣片，确定后肩省省量，作肩省省尖到领口 1/3 处的连接线。然后，剪开连接线，合并肩省 1/4 的省量，领口部位也就包含肩省 1/4 的省量。（图 7.3 步骤一、步骤二）

（2）作肩省省尖到袖窿弧线的连接线，并且沿连接线剪开，合并剩下肩省省量的 2/3，使肩省省量转移到袖窿处。将剩余 1/3 的肩省省量作为肩部松量。（图 7.3 步骤三、步骤四）

（3）完成肩省的分散后，分别修正领口弧线、袖窿弧线，包括肩线（省道分散后，肩线

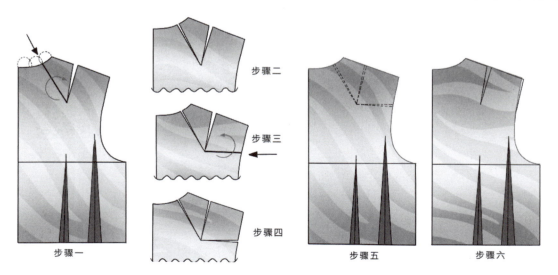

步骤二

步骤三

步骤四

步骤一　　　　　　　　　　　　　　　　　步骤五　　　　　　步骤六

图 7.3　肩省的分散操作过程

也是有一定弧度的曲线）。以胸围线为准，将分散了肩省的后衣片和原后衣片对合，观察两个衣片在不同位置的结构变化。（图 7.3 步骤五、步骤六）

三、肩省与褶裥的配合

肩省与褶裥的配合见图 7.4，具体操作过程见图 7.5。

【 肩省与褶裥的配合 】

图 7.4　肩省与褶裥的配合

（1）该款式是领省和腰省配合的合体款式，在肩端点位置设置有褶裥，用以遮掩袖窿，是一种假小袖的款式。首先选择有后肩省的后衣片，作后肩省至袖窿的连接线，并且沿连接线剪开，闭合肩省省量的 1/2，将一半的省量转移到连接线与袖窿的交接处，作松量处理。（图 7.5 步骤一、步骤二）

（2）作肩省省尖到后领窝弧线上点的连接线，并且沿连接线剪开，闭合剩余肩省，将省量转移到后领窝处，形成后领省。同时，依据款式要求，将领省的肩尖向左移动 2cm，调整领省的位置，移动后重新绘制领省，省道长 8cm。（图 7.5 步骤二、步骤三）

（3）作侧腰省省尖到肩端点的连接线，沿连接线剪开至侧腰省省尖，闭合侧腰省，将省量转移到肩端点，形成褶裥的量，这里保留 6cm 的褶裥量。也可依据实际需要，以侧腰省闭合后的点为圆心，持续展开，达到一定量后，将变化后的衣片描绘出来，并进行圆顺处理。（图 7.5 步骤三、步骤四、步骤五）

（4）本案例的操作重点是省量的分散处理、肩省和褶裥的装饰协调设计。

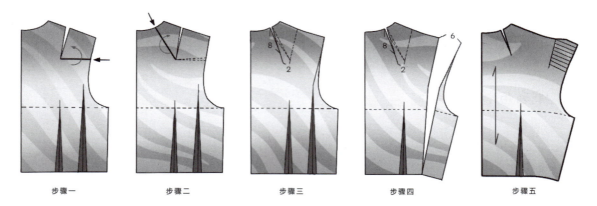

| 步骤一 | 步骤二 | 步骤三 | 步骤四 | 步骤五 |

图 7.5　肩省与褶裥的配合操作过程

四、背部分割与定位碎褶裥

背部分割与定位碎褶裥见图 7.6，具体操作过程见图 7.7。

（1）该案例是背部完整过肩和下部褶裥的对合处理。首先选择有后肩省的后衣片，过后肩省省尖，作横贯后衣片的后片育克分界线，同时依据款式，在该分界线上确定后片褶裥的位置点 a 点、b 点。分别作腰省省尖和侧腰省省尖到 a 点与 b 点之间任意点的连接线。（图 7.7 步骤一）

【背部分割与定位碎褶裥】

图 7.6　背部分割与定位碎褶裥

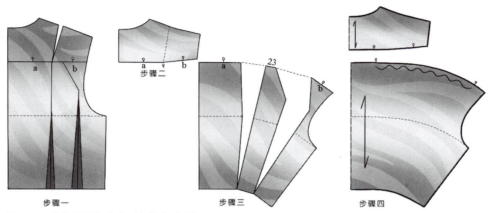

步骤二　　　　　步骤三　　　　步骤四

步骤一

图 7.7　背部分割与定位碎褶裥操作过程

（2）合并后肩省。合并后肩省后可以看到，后片过肩与后衣片下部的分界线由直线变为曲线。（图 7.7 步骤二）

（3）由于该款式是腰部合体的造型，因此需要将腰部省道合并。沿前文提到的图 7.7 步骤一中两条省尖与任意点连接线剪开，剪至腰省省尖的位置。然后合并两个腰省，合并后的腰省省量也就转移到了 a 点与 b 点之间，所加入的量将作为后期对合的碎褶裥量。在该案例中，a 点与 b 点之间原本的长度是 14cm，在加入腰省省量后，a 点与 b 点之间的长度变为23cm。（图 7.7 步骤三）

（4）圆顺变化后的曲线，确定对合刀口的位置。注意标注纱向，完成结构设计。（图 7.7 步骤四）

五、背部横过肩

背部横过肩见图 7.8，具体操作过程见图 7.9。

（1）该款式是半合体状态，是腰部开放式的褶裥和上部分割的过肩相配合的款式。沿袖窿弧线向下量取 5cm，确定一点。同时，将肩省转移到该处，使肩省省量隐藏到过肩分割处。闭合侧腰省，完成后衣片的基本调整。（图 7.9 步骤一）

（2）沿后中心线向下量取 10cm，确定一点。连接该点至袖窿省省尖，完成上片过肩的分割。同时，在下片中心线处水平加出 6cm 的褶裥，使之纵贯到腰部，完成背部中间开放式褶裥的处理。（图 7.9 步骤二）

（3）在保持腰省省量的前提下，绘制高度为 4cm 的褶裥。在后中心线褶裥下方标注上、下间距为 4cm，完成结构设计。（图 7.9 步骤三）

【 背部横过肩 】

图 7.8　背部横过肩

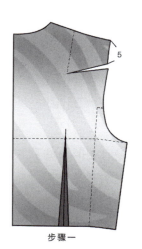

步骤一

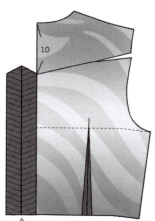

步骤二

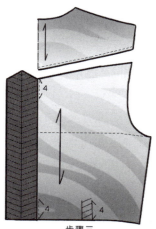

步骤三

图 7.9　背部横过肩操作过程

【思考与实践】

1. 思考不同服装肩背部结构的特点及其与人体肩背部结构的关系。

2. 参考本章介绍的肩背部工艺手段进行案例设计，并自行完成平面结构设计分解，进行实际制作。

参考文献

欧内斯廷·科博，维特罗纳·罗尔夫，比阿特丽斯·泽林，等，2000.服装纸样设计原理与应用［M］.戴鸿，刘静伟，等译.北京：中国纺织出版社.

欧内斯廷·科博，维特罗纳·罗尔夫，比阿特丽斯·泽林，等，2003.美国经典服装制图与打板［M］.吴巧英，吴春胜，译.北京：中国纺织出版社.

刘建智，2009.服装结构原理与原型工业制板［M］.北京：中国纺织出版社.